Toni P. Labhart

GEOLOGIE
Einführung in die Erdwissenschaften

Hallwag Verlag Bern und Stuttgart

Umschlagbild: *Flachgelagerte Sedimentschichten in der tief eingeschnittenen Schlucht des Colorado. Grand-Canyon-Nationalpark (Arizona, USA)*

Fotos:
R. Amiet 10 (aus: Gesicht unserer Auen. Bundesamt für Forstwesen, 1984)
S. Eigstler 17, 18, 27, 30, 43, 45
P. Heilmann 1, 33
Jacana + Explorer (Krafft) 24
T. Labhart Umschlag, 4, 12, 19, 21, 23, 28, 31, 32, 39, 42
T. Labhart/D. Ludwig/T. Staubli 22, 29
W. S. Mackenzie et al. (aus: Atlas of Igneous Rock and Their Textures, 1982) (Longman House, GB) 20
Militärflugdienst Dübendorf 13
NASA, Washington 40
T. Peters 26
A. Roulier 2
Swissair 8, 9
M. Vetter 46
F. Zweili 15

Zeichnungen:
W. Frei 35, 37, 48
E. Kaufmann 5, 6, 7, 11, 14, 25, 34, 36, 38, 41, 47, 49
F. Oberli 3
M. Zbinden 16, 20

Hallwag

6., ergänzte Auflage, 1988
©1975 Hallwag AG Bern
Gesamtherstellung: Hallwag AG Bern
ISBN 3 444 50063 7

Inhalt

- 7 **Mineralien**
- 17 **Gesteine**
- 17 Die drei großen genetischen Gesteinsgruppen im Überblick
- 22 Der Bau der Erde
- 29 Sedimente und Sedimentation
- 58 Magmatische Gesteine (Plutonite und Plutonismus, Vulkanite und Vulkanismus)
- 81 Metamorphe Gesteine und Metamorphose
- 91 **Tektonik und Gebirgsbildung**
- 107 **Die Altersbestimmung in der Geologie**
- 107 Relative Altersbestimmung (Stratigraphie, Paläontologie)
- 117 Absolute Altersbestimmungen
- 127 **Die geologische Karte**
- 131 **Mineralische Rohstoffe**
- 139 **Plattentektonik**
- 151 **Kleines Wörterbuch wichtiger Begriffe**
- 155 **Literatur**
- 157 **Register**

Toni Peter Labhart, geboren 1937, studierte Naturwissenschaften (Mineralogie, Petrographie, Geologie, Chemie) in Bern. Heute ist er Professor für Mineral- und Gesteinskunde an der Universität Bern und Beauftragter für den Schutz der Gebirgswelt beim Schweizer Alpen-Club.
Wissenschaftliche Tätigkeit: geologische Untersuchungen und Rohstoffprospektion in den Alpen; Mitarbeit bei der geologischen Landeskartierung der Schweiz. Wissenschaftliche Veröffentlichungen; geologische und alpinistische Gebirgsführer.

Vorwort

Wer sich mit Mineralien, Versteinerungen, Gesteinen und Bergen beschäftigt, stößt immer wieder auf dieselben Grundfragen. Warum haben die Mineralien regelmäßige Formen? Wie ist ein bestimmtes Gestein entstanden? Aus welchen Gründen wird ein Gebirge aufgefaltet? Welches ist die Ursache von Vulkanausbrüchen und Erdbeben? Wann hat ein Tier gelebt, dessen versteinerte Überreste wir finden? Wie alt ist die Erde? Wie kommt es zur Bildung von Kohle, Erdöl, Erzen und anderen lebenswichtigen Rohstoffen?
Viele dieser Fragen lassen sich nicht in kurzen Worten beantworten; meist ist eine Kenntnis der größeren Zusammenhänge nötig. Wir möchten in diesem Bändchen auf solche Zusammenhänge eingehen.
Ich habe mich um eine möglichst verständliche Sprache bemüht. Allerdings kommt man in einer derartigen Einführung einfach nicht um gebräuchliche Fachausdrücke herum. Viele wichtige Begriffe sind auf den Seiten 151—155 kurz definiert, andere sind im Text erklärt und über das Register aufzufinden.
Wer sich die Mühe nimmt, die vorliegende Einführung durchzuarbeiten, der sollte auch versuchen, die wichtigsten Mineralien, Gesteine und Versteinerungen aus eigener Anschauung kennenzulernen. Viele Museen, Schulen und Universitätsinstitute besitzen systematische Sammlungen. Am meisten Freude bringt aber dann die Anwendung des Wissens in der freien Natur, wenn es gelingt, einen Fund selber zu bestimmen oder eine Beobachtung am Fluß, am Meeresstrand, im Steinbruch und im Gebirge selbst zu deuten.

Abb. 1: *Feldspat, Quarz und Glimmer: oben als gut ausgebildete, unbehindert gewachsene Kristalle, unten in Granit gemeinsam aus einer erstarrenden Schmelze auskristallisiert*

Mineralien

Wenn wir einen grobkörnigen Granit (Abb. 1) genau betrachten, so sehen wir bald, daß dieses Gestein aus mehreren Komponenten besteht, die sich in Farbe, Form, Glanz und anderen Eigenschaften unterscheiden: die verschiedenen Mineralien des Granits.

Gesteine sind Gemenge von Mineralien. Wer sich mit Gesteinen und ihrer Entstehung beschäftigen will, muß sich zuerst mit den Mineralien befassen. Wir wollen es hier allerdings nur in sehr gedrängter Form tun, indem wir neben einigen allgemeinen Hinweisen nur jene Mineralien oder Mineralgruppen erwähnen, deren Kenntnis für die erste Bestimmung von Gesteinen im Gelände unerläßlich ist.

Die Mineralien werden als die *homogenen Bausteine der Erdkruste* definiert. Homogen heißt «durch und durch gleich»; zu einer Mineralart gehören alle Körner, die chemisch und physikalisch gleich aufgebaut sind. Chemisch gesehen sind Mineralien Verbindungen oder — seltener — Elemente; ihre Zusammensetzung läßt sich also mit einer — gelegentlich allerdings recht komplizierten — chemischen Formel angeben. Mineralien sind mit wenigen Ausnahmen kristallin aufgebaut, das heißt, ihre kleinsten Bauteilchen (Atome, Ionen oder Moleküle) sind gesetzmäßig dreidimensional in einem «Kristallgitter» angeordnet. Dieser kristalline Aufbau ist nicht nur auf die Mineralwelt beschränkt; er ist der Grundzustand der festen Materie. Auch Kochsalz, Zucker, Eis und alle Metalle zeigen diesen atomaren Feinbau. Wenn beim Wachstum einer Substanz (beim «Auskristallisieren» aus einer wässerigen Lösung etwa) genügend Raum vorhanden ist, zeigt sich der Kristallbau auch äußerlich im Auftreten von bestimmten Winkeln und Flächen. Das Fehlen einer schönen, wohlumgrenzten äußeren Form läßt allerdings keinerlei Rückschlüsse auf den Feinbau der Substanz zu! Ein «Bergkristall», der schön ausgebildet, in Klufthohlräumen der Alpen entstandene Quarz (Abb. 1), hat denselben wohlgeordneten inneren Bau wie die unregelmäßig geformten Quarzkörner in einem Granit oder die abgerollten Quarzkörner in einem Sandstein.

Für die rasche äußerliche Bestimmung eines Minerals verwendet man meist physikalische Eigenschaften wie *Härte, Spaltbarkeit, Farbe, Kristallform* und *Glanz*. Bei der genauen Bestimmung im Labor untersucht man zusätzlich *optische Eigenschaften* wie Lichtbrechung und Doppelbrechung (meist im Mikroskop), *Dichte, Kristallstruktur* (mit Hilfe von Röntgenapparaten) und natürlich die *chemische Zusammensetzung*.

Man kennt heute etwa 3000 Mineralarten; die meisten davon sind ausgesprochen selten. Wichtig und verbreitet sind etwa 50 Arten. Grundlegende Bedeutung für die Zusammensetzung der wichtigsten Gesteine haben nur zehn bis zwölf Arten: Feldspäte (Kalifeldspat und Plagioklas), Quarz, Glimmer, Amphibole (Hornblenden), Pyroxene, Olivin, Calcit/Dolomit, Tonmineralien, Chlorit, Granat und Magnetit. Diese Mineralien bauen zusammen über 95 Prozent derjenigen Teile der Erde auf, die der geologischen Untersuchung direkt zugänglich sind.

In der Bestimmungstabelle sind die wesentlichen äußeren Merkmale dieser wichtigsten Mineralien zusammengestellt.

Die wichtigsten Bestimmungsmerkmale:

Härte: Es geht hier um die Ritzhärte, den Widerstand eines festen Körpers gegen das Eindringen eines anderen festen Körpers. Wichtig bei der Härtebestimmung ist, daß man ein genügend großes Korn prüft und nicht etwa verschiedene Körner voneinander trennt. Man hat eine Bezugsskala von zehn verbreiteten Mineralien aufgestellt, von denen jedes das vorhergehende zu ritzen vermag (Mohssche Härteskala):

Härtestufe:	Mineral:
1	Talk
2	Gips
3	Calcit (Kalkspat)
4	Fluorit (Flußspat)
5	Apatit
6	Feldspat
7	Quarz
8	Topas
9	Korund
10	Diamant

Für eine Grobbestimmung der Härte im Gelände behilft man sich mit Fingernagel, Stahlmesser und Glasplatte. Mineralien der Härte 1 und 2 sind mit dem Fingernagel ritzbar. Das Stahlmesser ritzt Mineralien bis zur Härte 5 deutlich, solche mit Härte 6 schwach und härtere nicht mehr. Eine Glasplatte wird von Mineralien mit Härte 6 schwach, von härteren deutlich geritzt; Diamant wird ja seit jeher zum Glasschneiden verwendet. Für eine genaue Härtebestimmung braucht man Vergleichsmineralien, vollständige Härtesätze sind in Mineralienhandlungen erhältlich.

Die **Farbe** eignet sich nicht bei allen Mineralien als Bestimmungsmerkmal. Die Farbe vieler wichtiger Mineralien ist vom Gehalt an Fremdstoffen abhängig und daher sehr variabel. Quarz zum Beispiel ist oft farblos (Bergkristall), kommt aber auch als Amethyst (violett), Rauchquarz oder Morion (braun bis schwarz), Rosenquarz (rosa) und Citrin (gelb) vor. Auch Feldspäte und Glimmer können ganz unterschiedlich getönt sein. Typisch ist die Farbe bei Olivin (sattgrün), Pyroxen (grün bis schwarz), Amphibol (meist Grüntöne) und bei Chlorit (dumpfgrün). Als **Strichfarbe** wird die Farbe bezeichnet, die beim Reiben eines Minerals auf einer rauhen, unglasierten Porzellanfläche (Sicherung, käufliche Plättchen) entsteht. Sie entspricht der Farbe des pulverisierten Minerals, die in vielen Fällen von der des Mineralstücks verschieden ist. Besondere Bedeutung hat die Strichfarbe bei der Bestimmung von Erzmineralien. Die wenig intensiv gefärbten, gesteinsbildenden Mineralien, die uns hier in erster Linie interessieren, haben einen wenig charakteristischen Strich.

Glanz: Viele Erze erkennt man am *Metallglanz*. Sehr gut spaltbare Mineralien zeigen einen *Perlmutterglanz* auf den Spaltflächen (Glimmer, Gips). Viele schlecht spaltbare, muschelig brechende Mineralien weisen einen *Glas-* oder *Fettglanz* auf.

Spaltbarkeit: Je nach der Art ihres Kristallgitters bilden Mineralien beim Zerschlagen Bruchstücke mit mehr oder weniger glatten Flächen. Oft sind mehrere Flächensysteme vorhanden,

die sich unter einem typischen, für eine Mineralart stets gleichbleibenden Winkel schneiden. Glimmer spalten hervorragend gut in einer Ebene. Feldspäte besitzen zwei Spaltrichtungen, die annähernd senkrecht aufeinanderstehen; ebenfalls zwei Spaltsysteme haben Amphibole und Pyroxene, die Winkel von etwa 120 bzw. 90° bilden. Kalkspat zerfällt in Parallelepipede («Parallelflache», «Spate»), begrenzt durch drei Spaltflächensysteme. Bekannt sind ferner die Spaltwürfel von Steinsalz und Bleiglanz sowie die Oktaeder des Flußspats.
Schlecht spaltbare Mineralien wie Quarz, Granat u. a. haben einen charakteristisch muscheligen Bruch (ähnlich wie Glasscherben). Während die Spaltbarkeit an den meisten nicht zu feinkörnigen Mineralien auch im Gesteinsverband erkannt werden kann, sind weitergehende Beobachtungen über die *Kristallform* (Symmetrie, Anzahl und Größe der Flächen, Winkel zwischen den Flächen) an die viel selteneren, wohlausgebildeten Kristalle gebunden. Einige wenige Hinweise finden sich in der Bestimmungstabelle.
Chemische Untersuchungen sind in der Regel dem Laboratorium vorbehalten. Der einzige chemische Test, der im Gelände sehr häufig angewendet wird, ist der Nachweis von Calcit mit Salzsäure. Mit einigen Tropfen verdünnter Salzsäure reagieren calcithaltige Gesteine (Kalke, Marmore, Mergel, gewisse Sandsteine) unter Aufschäumen, es entwickelt sich Kohlendioxid. Das chemisch mit dem Calcit eng verwandte und auch ähnlich aussehende Mineral Dolomit (ein Calcium-Magnesium-Carbonat) hingegen reagiert mit kalter, verdünnter Salzsäure nicht.
Die *Benennung* der Mineralien ist durchwegs unsystematisch, der Namengebung der Menschen vergleichbar. Viele nehmen Bezug auf charakteristische Eigenschaften des Minerals wie:
Spaltbarkeit (Kalkspat, Feldspat, Flußspat). «Späte» sind allgemein gut spaltbare Mineralien. Orthoklas heißt wörtlich «der gerade (rechtwinklig) Spaltende», Plagioklas «der schief Spaltende».
Farbe (Chlorit: grün; Olivin: olivgrün; Granat: rot).
Magnetismus (Magnetit).
Nach Personen benannt sind u. a. Biotit (Biot, franz. Physiker) und Dolomit (Dolomieu, franz. Naturwissenschaftler).

Die wichtigsten gesteinsbildenden Mineralien
Fotografien dazu auf den Seiten 14 und 15

Merkmale	Vorkommen
Feldspäte	

Kalifeldspat
Undurchsichtig porzellanartig weiß oder rötlich.
In Plutoniten (Granit!) tafelige, oft eigengestaltige Einzelkristalle oder Zwillinge mit spiegelnden Spaltflächen. An losen Kristallen sind zwei aufeinander senkrecht stehende Spaltflächensysteme erkennbar. Mit dem Messer kaum ritzbar, ritzt Glas schwach. Härte 6.

Plagioklas
(Ca-Na-Feldspat)
Weiß, in zersetztem Zustand oft grünlich. Formen ähnlich wie Alkalifeldspat, aber weniger häufig eigengestaltig. Vielfach-Zwillinge, die mit der Lupe im günstigsten Fall als feine Streifung auf Kristallflächen erkennbar sind. Mit Messer kaum ritzbar, ritzt Glas schwach. Härte 6—6½.

Feldspäte sind die weitaus wichtigste Mineralgruppe, die über 60 Prozent der Erdkruste aufbaut.
Ausgangsprodukte für die Bildung von Tonmineralien in Böden und Gewässern und von bauxitischem Aluminiumerz in heißem Klima.
Verbreitet in magmatischen und metamorphen Gesteinen (Abb. 2, 22/1-5, 27/3, 29/1).
Eher untergeordnet in Sedimenten (Sandstein).

Quarz

In Gesteinen durchsichtige, wasserklare oder gräulich, bräunlich bis bläulich gefärbte Körner. Muscheliger Bruch. Glas- bis Fettglanz. In *Hohlräumen als Kristalle* mit sechs- oder dreiseitigen Prismen und Pyramiden. Farblos, braun oder violett. Mit Messer nicht ritzbar, ritzt Glas gut. Härte 7.

Wichtiger Bestandteil von Graniten, Gneisen und Schiefern. Hauptgemengteil der Sande und Sandsteine, weil sehr widerstandsfähig beim Wassertransport. Quarzit ist metamorpher Sandstein

Merkmale	Vorkommen
Glimmer	
Schwarze bis braune *(Biotit)* oder silberglänzende bis apfelgrüne *(Muskowit)* Schuppen. Leicht in allerfeinste Blättchen aufzutrennen. Weich, mit dem Fingernagel ritzbar (nur bei größeren Kristallen anwendbar). Elastisch biegsam. Korngröße oft wenige Millimeter, in Schiefern vielfach sehr viel kleiner, so daß keine Einzelkristalle, sondern nur ein seidiger Glanz auf den Schieferungsflächen sichtbar ist *(Serizit)*. Härte 2–2½.	Sehr verbreitet in metamorphen und magmatischen Gesteinen, aber auch als Detritus (Abtragungsprodukt) in Sedimenten. Die Parallelstellung der Glimmerminerialien bewirkt das flächige Gefüge vieler Schiefer und Gneise.
Amphibole (Hornblenden)	
Grüne, schwarzgrüne oder grasgrüne, stengelige Mineralien mit zwei ausgeprägten, stengelparallelen Spaltflächensystemen, die einen Winkel von etwa 120 bzw. 60° bilden. Härte 5–6.	In magmatischen und metamorphen Gesteinen (Abb. 2, 29/2 und 30). Amphibolite sind metamorphe Gesteine aus Amphibol und Plagioklas.
Pyroxene (Augit)	
Schwarze, braunschwarze, seltener grüne Mineralien. Ausbildung häufig kurzstengelig. Parallel zur Stengelachse zwei Spaltflächensysteme, die einen Winkel von etwa 90° bilden (Unterscheidung von Amphibol). Härte 5–6.	Verbreitet in Vulkaniten (Basalt) und in Plutoniten (Gabbro) (s. Abb. 2 und 22/5).

Merkmale	Vorkommen

Granat

Rote und rotbraune, seltener schwarze oder grüne, meist gut als Rhombendodekaeder kristallisierte Mineralien. Bruch muschelig. Härte $6\frac{1}{2}-7\frac{1}{2}$.	Wichtig in metamorphen Gesteinen: Granatglimmerschiefer (s. Abb. 29/5) und Granatgneise. Bei schöner Ausbildung Edelstein.

Kalkspat (Calcit); Ca-Carbonat

Farblose, oft durchsichtige, mit dem Messer leicht ritzbare Kristalle, die leicht in glattflächige Rhomboeder aufzuspalten sind. In Gesteinen sind Calcitkristalle nur selten mit bloßem Auge sichtbar (z. B. in grobkristallinen Marmoren). Die vorwiegend aus Calcit bestehenden Kalksteine sind in reinem Zustand weiß, aber durch Fremdstoffe häufig gelb, grau, schwarz, rötlich oder braun gefärbt. Calcit schäumt mit kalter, verdünnter Salzsäure auf (= Zersetzung unter Bildung von CO_2). Härte 3.	Verbreitet in Sedimenten (Kalke; in Mergeln mit Ton; in Sanden häufig als Zement der Quarzkörner). In metamorphen Kalksteinen (Marmoren). Material der hellen Adern im Kalkstein und Sandstein.

Chlorit

Grüne, glimmerähnliche, aber matte Blättchen auf Schieferungsflächen. Erdiges Pulver als Spaltenfüllung, oft mit Quarz, Härte $2-3$.	Charakteristisches Mineral schwach metamorpher Gesteine: Chloritschiefer und Chloritgneise. In metamorphen Graniten ist Chlorit Zersetzungsprodukt der Glimmer.

Abb. 2.: *Wichtige gesteinsbildende Mineralien*

Pyroxen

Glimmer

Amphibol

Olivin

Merkmale	Vorkommen
Dolomit: Ca-Mg-Carbonat	
Sehr ähnlich dem Kalkspat. Dolomitsteine sind weiß (zuckerkörnig) oder grau (gelb anwitternd). Unterscheidung von Calcit: keine Reaktion mit kalter, verdünnter Salzsäure. Härte 3½ – 4.	Mineral sedimentärer Bildung. Dolomitsteine sind in der Trias der Alpen verbreitet (Dolomiten!).
Tonmineralien	
Als Gruppe erkennbar an der Plastizität im feuchten Zustand (Ton, Lehm), an der Quellbarkeit mit Wasser und am Tongeruch beim Anhauchen im trockenen Zustand. Einzelkristalle sind erst im Elektronenmikroskop zu erkennen.	Wichtige Bestandteile von Böden und Sedimenten (Tonstein, Lehm, Mergel; vielfach Zersetzungsprodukte von Feldspäten).
Olivin («Peridot»*)	
Olivgrüne bis grünschwarze Körner. Kaum je gut ausgebildete Kristalle. Spaltbarkeit wenig ausgeprägt, muscheliger Bruch. Härte 6½ – 7. * alter Name, bei Edelsteinen und im Gesteinsnamen Peridotit	Wichtiger Gemengteil «basischer» Plutonite (z. B. Peridotit, Abb. 22/6) und Vulkanite (z. B. Basalt, Abb. 27/2). Wichtiges Mineral des oberen Mantels (S. 28).

Wer mehr über Mineralien und Kristalle wissen möchte, der greife zu einem der vielen ausführlichen Mineralienbücher. Einige davon sind im Literaturverzeichnis (S. 155) aufgeführt.

Gesteine

Die drei großen genetischen Gesteinsgruppen im Überblick
Man teilt die Gesteine nach ihrer Genese (Entstehung) in drei Gruppen ein.

Sedimente bestehen aus dem Abtragungsschutt von Gebirgen. Gesteine verwittern, die Bruchstücke werden von Wasser, Eis oder Wind transportiert, und zwar in fester Form oder gelöst. Nach dem Transport wird das Material irgendwo abgesetzt oder ausgefällt; zuweilen bleibt es im Meer über eine längere Zeitdauer gelöst. Einen Sonderfall bildet das Calciumcarbonat, das sich nur selten direkt aus dem Meerwasser niederschlägt, sondern in die Schalen von Meertieren eingebaut wird und erst beim Absterben der Organismen ins Sediment gelangt. Die Überlagerung durch jüngere Schichten hat häufig nach einiger Zeit eine Verfestigung der Lockersedimente zur Folge. Dieser Vorgang, bei dem beispielsweise aus Sand Sandstein oder aus Kalkschlamm Kalkstein entsteht, wird Diagenese genannt.
Sedimentgesteine bilden sich an der Erdoberfläche: auf Kontinenten und in den Meeren. Ihre Entstehung ist häufig direkt zu verfolgen. Es sind daher vor allem Beobachtungen an Sedimenten, die schon früh zum **aktualistischen Prinzip** geführt haben, zum Grundsatz, daß für die Erklärung und Deutung vergangener geologischer Ereignisse soweit wie möglich heute ablaufende geologische Vorgänge herangezogen werden sollten.
Viele Sedimente zeigen eine charakteristische, zum Zeitpunkt der Bildung mehr oder weniger horizontale Schichtung, die durch Material-, Korngrößen- oder Farbunterschiede bedingt ist. Bei einem ungestörten Sedimentkomplex ist stets die untere Schicht die ältere. Als einzige Gesteine entstehen Sedimente unter lebensfreundlichen Bedingungen. Sie enthalten oft Überreste von Lebewesen (Versteinerungen oder Fossilien). Normalschichtfolge und Versteinerungen ermöglichen es, die Erdgeschichte der letzten 600 Millionen Jahre, die für die Entwicklung des Lebens auf der Erde entscheidend sind, zu rekonstruieren (vgl. S. 118/119).

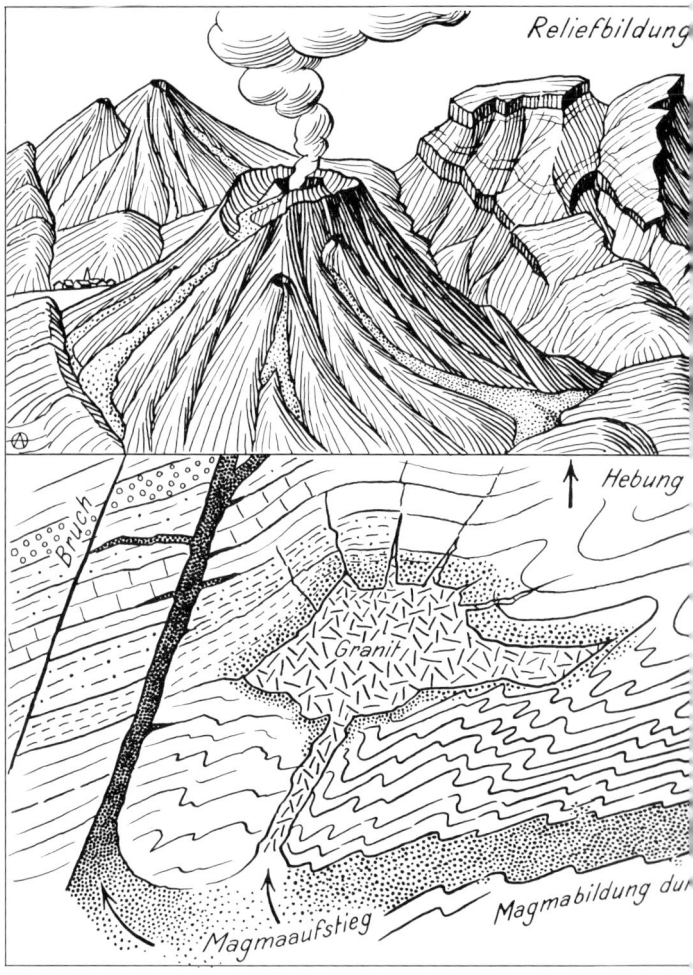

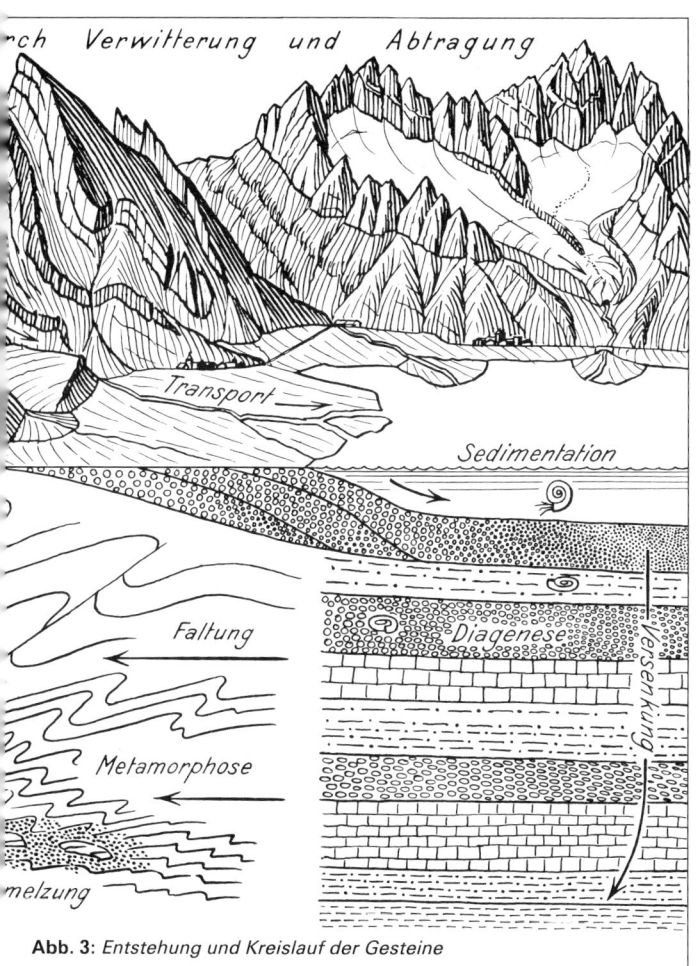

Abb. 3: *Entstehung und Kreislauf der Gesteine*

Die wichtigsten Sedimente sind Tone, Mergel, Kalksteine, Sandsteine und Konglomerate; aber auch unverfestigte Gesteine wie Sand, Kies, Schotter, Moräne und Böden gehören dazu. Mehr darüber im Abschnitt Sedimente und Sedimentation.

Magmatische Gesteine sind durch Erstarrung einer Gesteinsschmelze (Magma) entstanden, die in den tieferen Teilen der Erdkruste oder in den höchsten Teilen des «oberen Mantels» in Tiefen von 15 bis 160 Kilometern gebildet worden ist. Die Temperatur solcher Schmelzen beträgt je nach Zusammensetzung 700 bis 1300 °C. Bei den **Plutoniten** (plutonische Gesteine, Tiefengesteine) ist das Magma bei seinem Aufstieg in kühleren, festen Gesteinen der Erdkruste steckengeblieben. Infolge der langsamen Abkühlung bilden sich große Kristalle, wie sie etwa in einem Granit (dem weitaus wichtigsten Plutonit und verbreitetsten Gestein überhaupt) auftreten. Nach der Freilegung durch die Erosion kann man Plutonite in wohlumgrenzten, oft riesigen Massen beobachten. Wichtige Angehörige dieser Gesteinsgruppe sind neben dem Granit Granodiorit, Diorit, Syenit, Gabbro und Peridotit. Für die Benennung ist der Mineralbestand maßgebend. **Vulkanite** (vulkanische Gesteine, Ergußgesteine) sind durch Erstarrung von Laven entstanden, das heißt von Magmen, die durch Spaltensysteme bis an die Erdoberfläche oder an den Meeresgrund aufgestiegen sind. Infolge der raschen Abkühlung sind Vulkanite, unter denen der Basalt eine dominierende Stellung einnimmt, oft sehr feinkörnig. Mehr über magmatische Gesteine und Magmatismus im dazugehörigen Abschnitt.

Metamorphite (metamorphe Gesteine) sind Gesteine beliebiger Art, die nach ihrer Bildung durch veränderte (meist höhere) Temperaturen und Drücke umgewandelt wurden. Diese Umwandlung äußert sich in einer Veränderung des Mineralbestandes und häufig auch in der Ausbildung neuer Gefüge: Metamorphe Gesteine sind oft plattig (Gneise) oder schiefrig (Schiefer). Die häufigste Ursache einer Metamorphose ist die Versenkung eines Gesteinskomplexes in Erdkrustentiefen von 20 bis

30 Kilometern während einer Gebirgsbildung. Von Kontaktmetamorphose spricht man, wenn Magma sein Nebengestein thermisch beeinflußt hat; es handelt sich um auffällige, aber wenig ausgedehnte Vorkommen. Metamorphite werden nach Mineralbestand und Gefüge benannt. Mehr über Metamorphite und Metamorphose im dazugehörigen Abschnitt (S. 81—90). Oft faßt man magmatische und metamorphe Gesteine unter dem Begriff «Kristallin» oder «kristalline Gesteine» zusammen.

Sedimente bedecken zwar etwa drei Viertel der Erdoberfläche, aber nur in verhältnismäßig dünner Schicht. Regelmäßig über die Erde verteilt, ergäben sie eine Lage von ungefähr 1,5 Kilometer Dicke. Wo kristalline Gesteine sehr häufig die Unterlage der Sedimente bilden, spricht man vom «Grundgebirge», vom «kristallinen Grundgebirge» oder vom «kristallinen Sockel». (Siehe z. B. Abb. 37, S. 102.)
Die Entstehung der Gesteine ist auf der vorangehenden Doppelseite 18/19 schematisch dargestellt. Dabei soll die Zweiteilung in einen «oberirdischen» und einen «unterirdischen» Abschnitt noch einmal verdeutlichen, daß es gesteinsbildende Vorgänge gibt, die wir direkt beobachten können, und andere, die in der Tiefe verborgen ablaufen. Die Vorgänge sind als *Kreisläufe* dargestellt, die es in der Gesteinswelt wie überall in der Natur gibt. Geht man von einem Gebirgsmassiv beliebiger Zusammensetzung aus, so folgen sich im *sedimentären Kreislauf* der Reihe nach Abtragung, Transport, Ablagerung, Verfestigung, eventuell Faltung und schließlich Hebung, welche die Schichten wiederum der Abtragung zugänglich macht. Jede Kalksteinschicht im Gebirge, sei es an der Zugspitze oder am Eiger, hat einen solchen Kreislauf hinter sich und steht am Beginn des nächsten. Versenkungen von Sedimenten in größere Tiefen der Erdkruste führen zu einer Umwandlung in metamorphe Gesteine wie Schiefer oder Gneis. Gar nicht selten kommt es dabei zu einer teilweisen Aufschmelzung und damit zur Neubildung von Magma. Unter günstigen Bedingungen steigen diese Schmelzen auf. Ein Teil davon erreicht als Lava auf direktem Weg die Erdoberfläche; ein anderer bleibt unterwegs stecken und erstarrt zum Tiefengestein. Wie das Vorkommen von

Granit und Gneis in höchsten Alpengipfeln wie dem Montblanc und dem Matterhorn beweist, gelangen auch tief in der Erdkruste gebildete Gesteine einmal wieder an die Oberfläche. Dazu braucht es allerdings Hebungen (und Abtragung des darüberliegenden Gesteins) im Betrag von 10 bis 30 Kilometern. So schließt sich auch dieser große *magmatisch-metamorphe Kreislauf* wieder.

Der Bau der Erde
Um die Entstehung der Gesteine begreifen zu können, müssen wir uns zuerst ein Bild vom Bau der Erde und von den im Erdinnern herrschenden Bedingungen machen.
Direkter Beobachtung ist nur die Erdoberfläche zugänglich. Über die geologischen Verhältnisse bis in etwa zehn Kilometern Tiefe sind wir durch viele Bohrungen recht gut orientiert. Damit haben wir aber den Erdball kaum angeritzt. Wenn auch durch gebirgsbildende und vulkanische Vorgänge Gesteine an die Erdoberfläche gelangt sind, deren Entstehung man in Tiefen bis zu 100 Kilometern verlegen muß, sind wir doch bei diesen Tiefenbereichen auf indirekte Methoden, hauptsächlich auf die Interpretation geophysikalischer Messungen, angewiesen. Je tiefer wir vordringen, desto spärlicher sind die Messungen, desto hypothetischer werden die Annahmen.
Das Auftreten warmer Quellen und die Existenz glutflüssigen Magmas beweisen, daß die *Temperatur* gegen das Erdinnere zunimmt. In tiefen Bohrlöchern, Schacht- und Stollenbauten läßt sich diese Zunahme direkt messen. Die Höchsttemperaturen und die zugehörige Überdeckung betragen im Falle von drei Alpen-Eisenbahntunneln:

Tunnel	Maximale Temperatur	Maximale Überdeckung	Geothermische Tiefenstufe
Lötschberg	34 °C	1530 m	ca. 45 m
Gotthard	30,6 °C	1520 m	ca. 50 m
Simplon	55 °C	2050 m	ca. 37 m

Die «geothermische Tiefenstufe», das ist die Dicke der Gesteinsschicht, in der die Temperatur um 1° zunimmt, beträgt im Mittel 33 Meter. In Tiefen ab einigen Kilometern und in Gebieten mit aktiver Gebirgsbildung liegt der Wert niedriger (um 20 Meter), das heißt, die Temperatur nimmt rascher zu als gewöhnlich. Umgekehrt ist die geothermische Tiefenstufe in alten und tektonisch ruhigen Kontinenten viel größer (Südafrika 90 Meter).

In größerer Tiefe nimmt die Temperatur viel weniger stark zu. Die Temperatur des Erdmittelpunkts wird heute auf 6500 ± 1000 °C geschätzt.

Der Druck (bewirkt durch die auf einem bestimmten Punkt lastende Gesteinsschicht) nimmt ebenfalls mit der Tiefe zu. In den obersten, für uns wichtigen Partien der Erde beträgt die Zunahme etwa 1 Kilobar pro 3,5 Kilometer Gestein. Ein Kilobar sind tausend Bar, ein Bar entspricht ungefähr einer Atmosphäre.

Die Erde als Ganzes hat eine mittlere Dichte von 5,5 g/cm^3 (oder kg/dm^3); dies läßt sich mit verschiedenen Methoden berechnen. Die Dichte der an der Erdoberfläche und unmittelbar darunter anstehenden Gesteine beträgt 2,5 bis 2,7 (Sedimente, Granite, Gneise). Mit zunehmender Tiefe muß also auch die Dichte der Gesteine und ihrer Bestandteile, der Mineralien, zunehmen. Tatsächlich sind die aus größeren Tiefen stammenden Gesteine dichter: Basalt, Gabbro und Peridotit haben Dichten von 3,05 bis 3,4. Vergleicht man diese Gesteine mit der Dichte der Gesamterde, so wird klar, daß das Erdinnere aus noch dichterem Material bestehen muß.

Folgende Doppelseite
Abb. 4: *Abtragung flachgelagerter Sedimentschichten. Entlang senkrechten Klüften stürzt Verwitterungsschutt durch Rinnen über die Felsstufen hinunter und sammelt sich in Trockenschuttkegeln an. Capitol-Reef-Nationalpark (Colorado, USA)*

Die wichtigsten Erkenntnisse über das Erdinnere hat die Geophysik aus den Erdbebenwellen gewonnen, die den Erdball durchlaufen. Ihre Geschwindigkeiten sind von der Art und dem Zustand des durchlaufenen Materials abhängig.

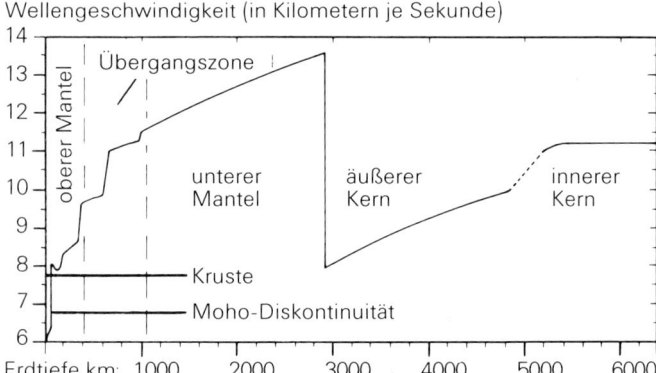

Abb. 5: *Die Geschwindigkeit von Erdbebenwellen (seismischen Longitudinalwellen) in Abhängigkeit von der Erdtiefe (nach Schreyer)*

Wie Abbildung 5 zeigt, stellt man eine Reihe von auffälligen Geschwindigkeitswechseln fest. Mit der Tiefe ändern demnach die Art oder der Zustand des Gesteinsmaterials. Die Erde ist schalenförmig aufgebaut!
Nach den beiden markantesten Grenzen im Erdinnern in 10 bis 60 und in 2900 Kilometern Tiefe unterteilt man die Erde in drei Bereiche (Abb. 6):
— die **Erdkruste** (oberste, verhältnismäßig dünne Schicht unterschiedlicher Dicke; 30 Kilometer unter Kontinenten, 60 Kilometer unter großen Faltengebirgen, maximal 10 Kilometer unter den Ozeanen);

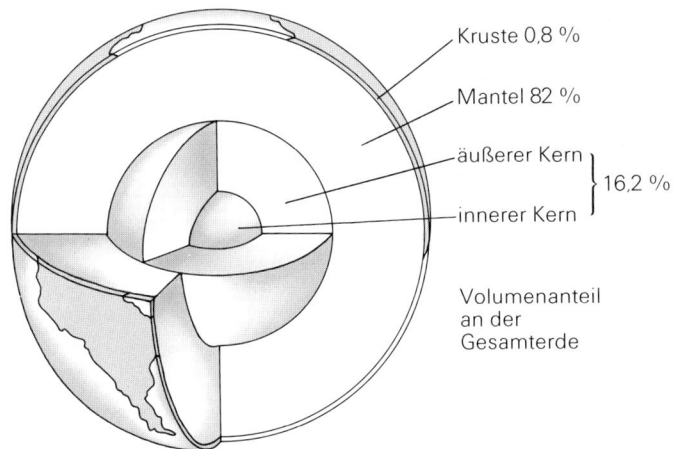

Abb. 6: *Modell des Schalenbaus der Erde*

— den **Erdmantel** (von der Untergrenze der Erdkruste bis zu einer Tiefe von 2900 Kilometern; oft dreigeteilt in *oberen Mantel*, bis 400 Kilometer, *Übergangszone*, bis 1050 Kilometer, und *unteren Mantel*);
— den **Erdkern** (von 2900 Kilometern bis zum Erdmittelpunkt; Dicke ca. 3500 Kilometer).
Wichtig ist — nach neueren Auffassungen — eine Unterteilung der obersten Teile der Erde in eine starre, bis 150 Kilometer dicke *Lithosphäre* und die darunterliegende plastische *Asthenosphäre* (s. Kapitel Plattentektonik).
Die Dichte beträgt für die Kruste im Mittel 2,8, für den Mantel 3,4 bis 6 und für den Kern 8 bis 10.
Über die Zusammensetzung der Kruste ist man recht gut orientiert (Abb. 7). Auf den Kontinenten besteht ihr oberer Teil aus Sedimenten, Gneis und Granit. Im tieferen Teil, der kontinentalen Unterkruste, dominieren etwas dichtere metamorphe und

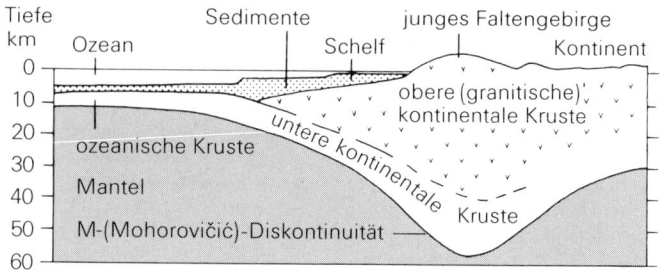

Abb. 7: *Schematischer Querschnitt durch Erdkruste und oberen Mantel im Bereich der Ozeane und der Kontinente. Man beachte die Verdickung der Kruste unter dem jungen Faltengebirge.*

magmatische Gesteine; ihre mittlere Zusammensetzung liegt wohl zwischen derjenigen von Diorit/Andesit und Gabbro/Basalt (Erklärung der Namen auf S. 62/63).
Unter einer höchstens kilometerdicken Schicht von Meeresablagerungen besteht die dünne ozeanische Kruste aus Basalt und Gabbro. Die unterschiedliche Zusammensetzung der Erdkruste unter Kontinenten und Ozeanen ist die Folge unterschiedlicher Entstehung; mehr darüber im Kapitel Plattentektonik (S. 139 ff.).
Der obere Mantel ist aus dem olivin- und pyroxenreichen Gestein Peridotit aufgebaut. Man findet Schürflinge davon in den tiefsten, durch Abtragung freigelegten Zonen gewisser Faltengebirge oder aber, mit dem Magma hochgeschleppt, in basaltischen Ergußgesteinen (Abb. 27/2, S. 77).
Gesteine tieferer Bereiche der Erde hat noch nie jemand gesehen, und unsere Vorstellungen davon basieren auf der Deutung geophysikalischer Daten. Die allmähliche Zunahme der Erdbebenwellengeschwindigkeit in der Übergangszone zwischen oberem und unterem Mantel weist auf zunehmende Dichte der Gesteine hin. Wahrscheinlicher als der Übergang zu neuen (chemisch anders zusammengesetzten) Gesteinen ist dabei eine Verdichtung des Peridotits als Folge des enormen Drucks.

Dabei wandeln sich die Eisen-Magnesium-Aluminium-Silikate Olivin und Pyroxen in Mineralien um, in denen die Atome dichter gepackt sind; denkbar wären die Oxide der beteiligten Metalle. Im Experiment, in dem man heute die Drucke der Mantel-Kern-Grenze erreicht, sind jedenfalls derartige Mineralumwandlungen aufgetreten.

Der Kern besteht nach herkömmlicher Vorstellung aus einer Eisen-Nickel-Legierung, die im äußeren Kern flüssig, im inneren jedoch fest ist. Die Dichtewerte des Kerns und das Vorkommen von (außerirdischen) Eisen-Nickel-Meteoriten sprechen für diese Zusammensetzung. Entgegen einer weitverbreiteten Meinung ist jedoch der Erdmagnetismus kein Argument für das Vorkommen der beiden Metalle: Unter den Temperaturen des Erdinnern sind sie nicht magnetisch. Die Entstehung des Magnetfeldes der Erde und seine Veränderungen (zum Beispiel die Umpolungen, S. 143/144) haben bis heute nicht plausibel erklärt werden können! Erdkern und -mantel haben sich schon früh in der Entstehungsgeschichte unseres Planeten gebildet, und sie verändern sich wohl seither kaum mehr. Seit langer Zeit spielen sich geologische Vorgänge vorwiegend im Bereich der Kruste und des oberen Mantels (oder — wie erwähnt — in der Lithosphäre und der Asthenosphäre) ab. Darüber wird auf S. 139 ff. berichtet.

Sedimente und Sedimentation
Der Weg eines Sedimentes umfaßt die Schritte **Verwitterung, Erosion** (Abtragung), **Transport, Sedimentation** (Ablagerung) und **Diagenese** (Verfestigung); vgl. Seiten 11, 29—31 und 43—53 sowie Abb. 3, Seiten 18/19.

Verwitterung. Man versteht darunter die Veränderungen eines Gesteins an der Erdoberfläche. Im Hochgebirge ist die *Frostsprengung* von großer Bedeutung. Wasser dringt in feine Risse und Poren des Gesteins ein. Beim Gefrieren erfährt es eine Volumenzunahme bis zu 10 Prozent, was zu dauernder Erweiterung der Fugen und endlich zum Zerfall der Felsen führt. Ständiger Wechsel von Tauen und Frieren, wie er im Hochgebirge monatelang im Tag-Nacht-Rhythmus stattfindet, hat natürlich den größten Effekt. Bei großen täglichen Temperaturschwankungen (in Wüstengebieten, aber auch im Hochgebirge) ergeben sich durch die unterschiedliche Wärmeausdehnung der Mineralien Spannungen, die zum Absprengen der Oberflächenschicht führen.

Das an der Oberfläche der Felsen oder in Spalten und Höhlen zirkulierende Wasser vermag bestimmte Mineralien zu lösen. Extrem gut wasserlöslich ist Kochsalz (360 Gramm Salz je Liter Wasser), das daher in unseren Breiten auch nie an der Oberfläche anstehend zu finden ist (dagegen: Salzseen in aridem Klima!). Gips löst sich ebenfalls recht gut (2,5 g/l Wasser). Sehr bedeutungsvoll ist die gute Löslichkeit des in Gesteinen wie Kalkstein, Mergel und Sandstein weit verbreiteten Minerals Calcit ($CaCO_3$) unter dem Einfluß kohlendioxidhaltigen Wassers (1 Gramm je Liter Wasser). Der weitaus größte Teil der in Gewässern vorkommenden Ionen stammt aus gelöstem Kalk und Gips.

Kalkstein zeigt vielerorts Formen, die auf die Bedeutung des fließenden Wassers als Lösungsmittel hinweisen: *Karren* sind in der Fließrichtung des Wassers verlaufende, oft tief eingeschnittene Rillen. Auch die in Kalkgebirgen häufigen Höhlen verdanken ihre Entstehung dem fließenden Wasser. In ihnen wird Kalk oft in Form von Tropfsteinen wieder ausgefällt. Aber auch die sehr schlecht wasserlöslichen Silikatmineralien erfahren chemische Veränderungen. Bekannt ist das Rotwerden («Rosten») glimmerreicher Gesteine, das seine Ursache im Herauslösen des Eisens und in dessen Ablagerung in Form von Oxiden und Hydroxiden hat. Feldspäte zersetzen sich vor allem im Bereich von Bodenwässern zu Tonmineralien. Finden solche Zersetzungsvorgänge unter Mithilfe von Pflanzen statt, so kommt es zur Bildung von *Böden*. Böden bestehen aus anorganischen Komponenten wie Tonmineralien, Feinsand usw. und dem organischen Humus (abgestorbene Pflanzenteile). Sie vermögen Wasser und Pflanzennährstoffe zu binden und dosiert an die Pflanzendecke abzugeben. Die Zusammensetzung eines Bodens ist vom Gesteinsuntergrund und vom Klima abhängig. So ist die Rotfärbung der Böden im tropischen und subtropischen Klima eine Folge der Anreicherung von Eisen- und Aluminiumverbindungen; die großen Bauxitlagerstätten der Erde (Rohstoff für die Aluminiumgewinnung) sind auf diese Weise entstanden. Böden sind, als Basis jeglicher landwirtschaftlicher Tätigkeit, wirtschaftlich äußerst bedeutungsvolle Lockergesteine. Die Bodenkunde ist eine selbständige Wissenschaft geworden.

Erosion und Transport. Im Gebirge rollen gelockerte Felsmassen, der Schwerkraft folgend, zu Tale. So finden sich am Fuße von Felswänden Schutthalden, die aus eckigem Blockwerk unterschiedlicher Größe bestehen. Spektakulär und oft katastrophal sind die Niedergänge größerer Felsmassen in Form von Erdrutschen (Schlipfen) und Bergstürzen. *Erdrutsche* sind in feuchten Jahren und bei anhaltenden Regengüssen in Gebieten mit tonhaltigen Gesteinen häufig und bedrohen oft Gebäude und Verkehrswege. Sie werden oft durch den Menschen ausgelöst, der vor allem bei Bauarbeiten natürliche Böschungen anschneidet und somit ein labiles Gleichgewicht schafft. Schlimme Folgen hatte der Erdrutsch vom 9./10. Oktober 1963 in den Venezianer Alpen, als etwa 0,3 Kubikkilometer Fels in den Stausee von Vajont glitten. Die Staumauer hielt stand, hingegen verursachte die Flutwelle gewaltige Überschwemmungen und den Tod zahlreicher Bewohner der Ortschaft Longarone.

Bei Erdrutschen bleibt innerhalb der gerutschten Masse der Gesteinsverband mehr oder weniger intakt. Im Gegensatz dazu zerbirst das Gesteinspaket eines Bergsturzes und bildet chaotische Blockwüsten. Von den recht zahlreichen alpinen Bergstürzen seien nur zwei, ein historischer und ein prähistorischer, herausgegriffen:

Nach den außerordentlich niederschlagsreichen Jahren 1804 bis 1806 fuhr am 2. September 1806 vom Roßberg bei Goldau (Zentralschweiz) eine Nagelfluhplatte von 60 bis 100 Metern Dicke mit einem Volumen von 35 bis 40 Millionen Kubikmetern ins Tal. Gleitfläche war eine Mergelschicht, die unter der Einwirkung des Wassers zur Schmierschicht wurde. Die Gesteinsmassen begruben das Dorf Goldau mit 457 Einwohnern; ein Teil

Abb. 8: *Die Anrißnische des Bergsturzes von Goldau am Roßberg (Schweiz)*

des Sturzmaterials fiel in den Lauerzersee. Die Blockmassen bedecken heute ein Areal von etwa 6 Quadratkilometern mit einer durchschnittlichen Mächtigkeit von 25 Metern.
Der größte Bergsturz der Alpen (und wahrscheinlich einer der größten überhaupt) war jener von *Flims* im Vorderrheintal. 10 bis 15 Kubikkilometer Kalk (die westliche Fortsetzung des heutigen Flimsersteins gegen den Piz Grisch) stürzten auf einer talwärts geneigten Fläche ins Vorderrheintal. Nach dem Anbranden am Gegenhang überschütteten die Blockmassen das Tal auf über 10 Kilometern Länge mit einer Schicht von mehreren hundert Metern Dicke. Talaufwärts bildete sich in der Region des heutigen Ilanz ein Stausee. Mit der Zeit fraß sich der Rhein wieder bis auf sein ursprüngliches Niveau hinunter, eine Schlucht mit steilen Wänden von 400 bis 600 Metern Tiefe bil-

Abb. 9: *Die Gesteinsmassen des Flimser Bergsturzes als Riegel im Vorderrheintal mit dem tief eingeschnittenen Vorderrhein. Blick von Westen, im Hintergrund Reichenau (Kanton Graubünden, Schweiz)*

dend. Der Niedergang erfolgte wahrscheinlich in der Zeit zwischen den beiden letzten großen Vereisungen; es finden sich Moränen des Rheingletschers unter und über der Bergsturzmasse. Bergstürze beim Zurückweichen von Talgletschern sind nicht selten. Die Gletschererosion unterschneidet den Fuß der Talhänge, die beim Zurückweichen der stützenden Eismassen niederbrechen können.

Die bewaldete Bergsturzmasse südlich des Kurortes Flims weist heute noch eine sehr unruhige Topographie und zahlreiche kleine Seen auf — beides typische Merkmale solcher Ablagerungen.

Für eine weiterreichende Verfrachtung von Gesteinstrümmern kommen (in der Reihenfolge ihrer Bedeutung) Wasser, Wind und Eis in Frage.

Das fließende **Wasser** transportiert seine Fracht auf drei verschiedene Arten:
1. Größere Brocken werden am Flußboden rollend oder springend («hüpfend») verfrachtet («Bodenfracht»).
2. Feines Material wird schwebend als Trübe mitgeführt («Schwebfracht»).
3. Wasserlösliche Mineralien werden in Form von Ionen transportiert, Kalk und Gips als Na^+, Ca^{2+}-, HCO_3^--, CO_3^{2-}-, SO_4^{2-}-Ionen.

Dieselben Bestandteile finden sich als «Mineralgehalt» der meisten *Mineralwässer,* und sie bewirken auch die *«Härte»* unseres Wassers in Haushalt und Industrie.

Der mengenmäßige Anteil der drei Gruppen am transportierten Gesamtvolumen eines Flusses variiert stark und hängt u. a. vom Gesteinsmaterial des Einzugsgebietes und von der klimatisch bedingten Art der Verwitterung ab. Als Beispiel die Transportleistung einiger großer Flüße in Millionen Tonnen im Jahr:

Fluß	Gelöstes	Feste Fracht
Mississippi	130	380 (Ant. Bodenfracht ca. 12%)
Amazonas	233	548
Kongo	99	33
Colorado	15	263
Rhein (Alpenrhein oberhalb Bodensee)	1,3	2,6 (Ant. Bodenfracht ca. 2%)

Die maximale Größe des transportierten Gerölls hängt von der Geschwindigkeit der Strömung ab: Ein hochgehender Wildbach kann kubikmetergroße Blöcke mitreißen, während sich in einem Seitenarm desselben Baches gleichzeitig Sand ablagert. An Stellen mit verringerter Strömungsgeschwindigkeit wird aus einem Fluß sofort vermehrt sedimentiert. Man kann diesen Vorgang an Schwellen, Innenseiten von Flußschlingen und Einmündungen in Seen beobachten (Bild auf der nächsten Doppelseite und Abb. 13, S. 44). Beim Flußtransport wird Material verschiedener Herkunft vermischt; man denke an große Flüsse mit zahlreichen Nebenflüssen aus geologisch ganz unterschiedlichen Gebieten (Rhein, Rhone).

Flußtransport bedeutet nicht nur Verfrachten: Das Material erfährt dabei Veränderungen. Am augenfälligsten ist eine *Abrundung* und zugleich eine *Verkleinerung* der Komponenten. Bereits nach wenigen Kilometern Transportweg sind die Gesteinstrümmer angerundet («Gerölle»); man sieht das im unmittelbaren Vorfeld eines jeden Gletschers. Die Abrundung kommt zustande, indem die Stücke aneinander und an der Seite oder am Boden des Flußbettes scheuern; solche Erosionsformen des Flusses wie Kolke oder «Gletschermühlen» in festem Gestein und V-förmige Tiefenerosion oder Unterspülung von Böschungen in Lockergestein sind uns aus eigener Anschauung bekannt. Mit wachsender Flußlänge nimmt der Anteil kleinerer Körner (und damit auch der Anteil der Schwebfracht) ständig zu; dabei kommt es zu einer prozentualen Anreicherung bestimmter Minerale auf Kosten anderer: Glimmer werden aufgrund ihrer blattförmigen Struktur sehr bald völlig zerrieben. Feldspate (aber auch Amphibole und Pyroxene) zerfallen infolge der guten Spaltbarkeit ebenfalls sehr bald in ganz kleine Körner. Quarz hingegen ist dank der fehlenden Spaltbarkeit sehr transportresistent und reichert sich an. Die Sande der Flußmündung bestehen zum größten Teil aus Quarz; die meisten übrigen Mineralien sind zu diesem Zeitpunkt längst in kleinere Körner zerlegt worden. Mit dem Quarz zusammen reichert sich eine Reihe seltener und wertvoller, ebenfalls transportresistenter Mineralien an: Diamant und andere Edelsteine (Topas, Granat, Zirkon und Rubin), daneben Erze wie Gold, Platin und Zinnstein. Solche Vorkommen nennt man Seifen-Lagerstätten; sie werden vielerorts ausgebeutet.

Folgende Doppelseite
Abb. 10: *Natürlicher Flußlauf in den Voralpen (Senseschlucht, Kanton Bern, Schweiz). An diesem mäandrierenden Gewässer ist das Wechselspiel Abtragung/Ablagerung gut zu sehen: Abtragung auf der Außenseite der Flußschleifen (am Prallhang), Ablagerung von Kiesbänken auf der Innenseite. Außerhalb des Hauptflußbettes, im nur bei Hochwasser überschwemmten Gebiet, hat sich Auenvegetation angesiedelt.*

Gletscher verfrachten Gesteinstrümmer in Form von Moränen. Moränen enthalten eckige Blöcke und sind meist charakterisiert durch das Nebeneinander von Material unterschiedlichster Korngröße: Neben feinstkörnigem Grundmoränenmergel oder -lehm (Material, das zwischen Gletscher und Felsbett zerrieben worden ist) finden sich Blöcke verschiedenster, gegen oben fast unbegrenzter Größe. Moränen mit der typischen langgezogenen Wallform finden sich am Alpenrand als Seitenmoränen der letzten (Würm-)Vergletscherung. In vielen Fällen werden Moränen durch Flußtransport nachträglich verschleppt. Das trifft zu für die Schottermassen in den Flußtälern des Alpenvorlandes, die aus den Bächen vor der Front der sich zurückziehenden eiszeitlichen Gletscher abgelagert wurden. In Polnähe können große Mengen von Gesteinstrümmern durch Treibeis verfrachtet werden. Beim Schmelzen des Eises sinken sie auf den Meeresgrund und finden sich dann in Ozeansedimenten als fremdartige Massen.

Alles in allem ist die Menge des durch Gletscher verfrachteten Materials neben dem wassertransportierten wenig bedeutsam. Über die Bedeutung der *Gletschererosion* ist man sich auch heute noch nicht einig. Eindeutig nachgewiesen ist eine abschleifende Wirkung auf den Untergrund; davon zeugen die Rundbuckellandschaften in der Umgebung heutiger und eiszeitlicher Gletscher. Unklar ist der Anteil der Gletschererosion bei der Entstehung übertiefter Becken (Alpenrandseen!).

Windtransport: In Gebieten ohne schützende Pflanzendecke kann die Verfrachtung von Gesteinskörnern (bis 1 mm ⌀) durch den Wind sehr bedeutsam werden. Dies ist der Fall in Wüstengebieten, im Vorland von Inlandvergletscherungen, aber auch in Gebieten mit ungeeigneter Bepflanzung (Badlands in Nordamerika). Der Transport erfolgt am Boden als *Dünen* oder als Flugstaub. Bekannt sind die Sahara-Staubfälle über Mitteleuropa. Die Flugstaubablagerungen aus dem vegetationsarmen Vorfeld der eiszeitlichen Vergletscherungen bedecken als *Löß* weite Gebiete. So findet man heute in Mitteleuropa zwischen der ehemaligen skandinavischen und der alpinen Vergletscherung vielerorts eine 0,5–2 Meter dicke Lößschicht (Abb. 11).

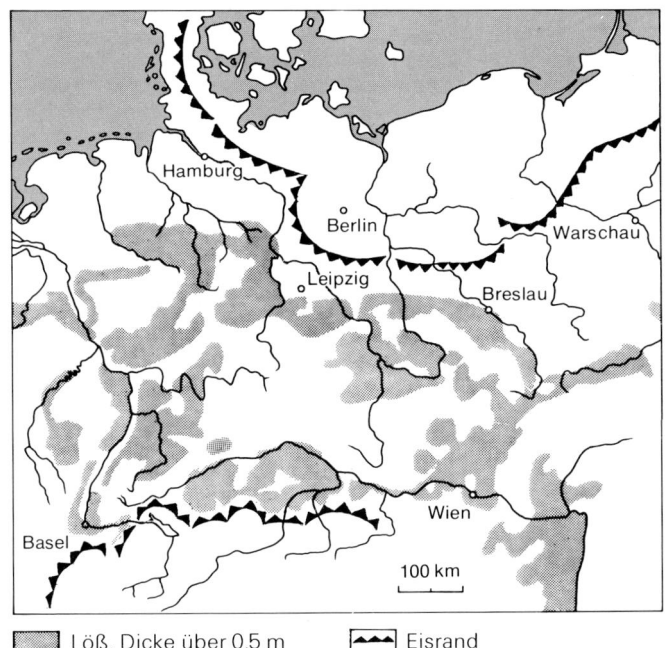

Löß, Dicke über 0,5 m   Eisrand

Abb. 11: *Das Auftreten von Löß in Mitteleuropa im eisfreien Gebiet zwischen der nordischen und der alpinen Vergletscherung während der letzten Eiszeit (nach Scheidig)*

Folgende Doppelseite
Abb. 12: *Vom Gletscher geprägte Hochgebirgslandschaft am Steingletscher (Sustenpaß, Schweiz). Der sich zurückziehende Gletscher hat zwei Endmoränenkränze zurückgelassen, einen äußeren (Gletscherstand Mitte 19. Jahrhundert) und einen inneren am Seeufer (1920).*

In der Schweiz haben Lößablagerungen nur in der Umgebung von Basel einige Bedeutung. In Südrußland und China beträgt die Dicke der fruchtbaren Lößschicht 15—60 Meter. Typisch für den Löß ist die feine und gleichkörnige Ausbildung (die Körner haben sehr oft 0,02—0,05 Millimeter Durchmesser). Dieses Lockergestein der Siltfraktion (s. Tabelle) zeigt eine erstaunliche Standfestigkeit: Schluchten und Wege mit sehr steilen Wänden sind typisch für Lößgebiete.

Sedimentation. Wir wollen uns hier auf die wichtigen Ablagerungen aus Gewässern beschränken. Sie werden in vielen Lehrbüchern in drei Gruppen eingeteilt, nämlich in *klastische Sedimente, chemische Sedimente* und *biogene Sedimente*.

Klastische Sedimente bestehen aus Bruchstücken älterer, abgetragener und transportierter Gesteine. Schotter, Kies, Sand und Ton sind wichtige Vertreter dieser Gruppe. Man benennt klastische Gesteine nach der mittleren *Korngröße:*

Benennung klastischer Sedimente

Korndurchmesser in Millimetern	0,002 und kleiner	0,002 bis 0,063	0,063 bis 2	2 bis 63	63 und größer
Name des Lockergesteins	**Ton**	Silt	**Sand**	Kies	**Geröll** (rund) **Blöcke** (eckig)
Entsprechendes verfestigtes Gestein	**Tonstein Schieferton**	Siltstein	Sandstein	**Konglomerate** (runde Komponenten) **Breccie** (eckige K.)	

Die klastischen Sedimente werden nicht nach ihrem Mineralbestand, sondern nach der Korngröße benannt. «Ton» bedeutet hier «Teilchen von Tongröße» oder «Tonfraktion», die allerdings sehr häufig Mineralien der Tongruppe sind.

Die Abgrenzung der Korngrößenklassen hat man der Gepflogenheit der Wissenschaftler angepaßt, logarithmische Skalen zu verwenden. Im logarithmischen Maßstab ergeben sich regelmäßige Abstände von 1,5.

Man beachte, daß die Bezeichnungen Ton, Sand und Kies auch in der Umgangssprache für die betreffenden Klassen angewendet werden.

Für das Erkennen der Klassen Ton, Silt und Sand im Gelände gibt es einige Faustregeln:
Tongesteine fühlen sich in feuchtem Zustand seifig an und sind plastisch; trockene Tonkugeln lassen sich von Hand nicht oder nur schwer zerdrücken; sie quellen im Wasser. Silt-Lockergesteine sind beim Zerreiben zwischen den Fingern deutlich körnig; trockene Kugeln kann man leicht zerdrücken.
Beim Sand sind die einzelnen Körner deutlich sichtbar. Nasse Sandkugeln zerfallen im Gegensatz zu nassen Siltkugeln leicht.
Chemische Sedimente entstehen bei der Ausfällung gelöst transportierter Stoffe. Beispiele: gewisse Kalksteine, Kochsalzlager, Gips.
Biogene Sedimente entstehen unter wesentlicher Beteiligung von Organismen, die dann oft auch mit ihren erhaltenen Überresten das Gestein aufbauen. Viele Kalksteine gehören hierher (Korallenkalke, Spatkalke).
Die drei Gruppen sind in Wirklichkeit keineswegs scharf gegeneinander abgegrenzt; viele Sedimente sind «gemischter» Herkunft. Ein Sandkalk kann beispielsweise chemisch gefällten Kalk neben klastischen Sandkörnern enthalten.
Wir wollen im folgenden die Entstehung der Sedimente nach *Bildungsräumen* betrachten.
Die *Sedimentation auf den Kontinenten* ist im ganzen gesehen unbedeutend. Flußläufe lagern zwar dauernd Geröll ab, doch wird es beim nächsten Hochwasser wieder erodiert. Man kann diesen Vorgang an jedem Wasserlauf mit seinen veränderlichen Wasserarmen und Geröllbänken beobachten. Zu erheblichen Ablagerungen kann es in zwischengelagerten Seebecken kommen. So fangen heute die Alpenrandseen den größten Teil der Boden- und Schwebfracht der Alpenflüsse ab.

Folgende Doppelseite
Abb. 13: *Das Delta der Maggia im Langensee (Lago Maggiore, Tessin, Schweiz). Seitlich angelehnt die Ortschaften Ascona (links) und Locarno (rechts).*

Weitaus der größte Teil des erodierten Materials gelangt jedoch in die Ozeane. Man schätzt die jährlich dorthin transportierten Mengen auf 10 bis 20 Milliarden Tonnen!
Das weitere Schicksal der ins Meer transportierten Massen wollen wir am Beispiel der heutigen Weltmeere verfolgen.

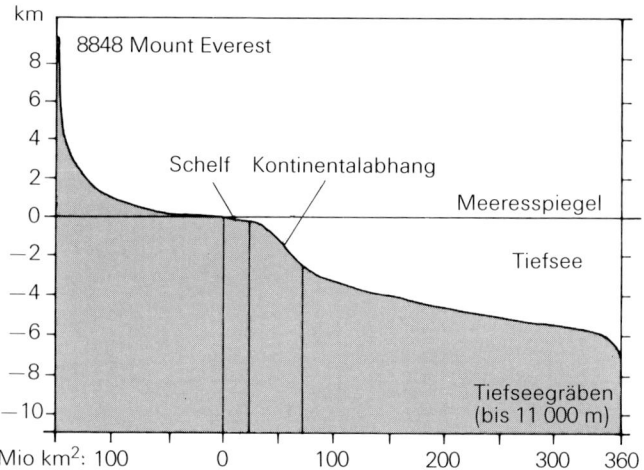

Abb. 14: *Der Anteil der Höhenstufen des Festlandes und der Meere an der Erdoberfläche*

In Abb. 14 ist die Tiefenstufung des Meeres schematisch dargestellt (hypsographische Kurve). Man unterscheidet:

1. den **Schelf,** einen den Kontinenten vorgelagerten, untiefen Teil des Meeres (bis zu 200 Metern). Er ist als die überflutete Fortsetzung der Kontinente zu betrachten;

2. den **Kontinentalabhang** zwischen 200 und etwa 2400 Metern;

3. die **Tiefsee.** Sie umfaßt den Meeresgrund unterhalb etwa 2400 Metern. Ihre mittlere Tiefe beträgt rund 3800 Meter.

Meere bedecken ungefähr 70 Prozent der Erdoberfläche, davon entfallen 53 Prozent auf die Tiefsee und 17 Prozent auf Schelf und Kontinentalabhang.

Die Hauptmasse der Meeressedimente wird in den Delten der Flüsse, auf dem Schelf und am Kontinentalabhang abgelagert. Delten bilden sich dort, wo Flüsse in Seen oder in den Ozean münden und infolge der Verminderung der Fließgeschwindigkeit einen großen Teil ihrer Sedimentfracht abladen (Abb. 13, S. 44). Ein Delta besteht aus zwei Teilen, einem über und einem unter Wasser. Der obere Teil eines Deltas ist charakterisiert durch ein Netz verzweigter Flußarme. Hier werden vorwiegend Sande abgelagert, und zwar, wie man das an jedem Fluß beobachten kann, auf geneigten Flächen («Schrägschichtung» in Sandbänken). Da die Flußarme sich verlagern, kommt es zu auffallenden Überschneidungen der Schrägschichtung, zur «Kreuzschichtung». Sie ist in ähnlicher Form auch in kontinentalen Flußablagerungen und in Wüstensandsedimenten (Dünen) zu finden. Der Großteil der Sedimentmasse des Deltas — es sind Sande, Silte und Tone — liegt unter Wasser. Die Delten der großen Flüsse der Erde nehmen (unter geringer Wasserbedeckung) die ganze Breite des Schelfs ein und reichen bis an den Kontinentalabhang. Hier werden mehr als 90 Prozent der Gesamtmenge aller Meeressedimente abgelagert. Es sind Sand, Silt, Ton und Kalkschlamm in allen möglichen Mischungsverhältnissen. Speziell häufig sind Mergel — so nennt man Ton-Kalk-Gemische.

Wie kommt es nun aber eigentlich zur Bildung von kalkigen («karbonatischen») Sedimenten? Gelöstes Calciumcarbonat wird den Meeren ja durch die Flüsse in riesigen Mengen zugeführt (vgl. S. 34). Zur Wiederausfällung kommt es vor allem in warmen Meeren, denn im Gegensatz zu vielen anderen Stoffen ist die Löslichkeit von Calciumcarbonat in warmem Wasser geringer als in kaltem. Das weiß jeder, der Wasser kocht und dabei die Ausfällung von «Kalk» beobachtet. Nur selten allerdings bildet sich in den Ozeanen Kalkschlamm auf diese Weise durch direkte Ausfällung, der weitaus größte Teil gelangt auf dem Umweg über Lebewesen in die Ablagerungen. Muscheln, Schnecken, Korallen, vor allem aber planktonische Einzeller, bauen Kalk in ihre Schalen ein. Beim Absterben der Tiere sinken die Gerüstteile zu Boden und bilden dann, intakt oder zu Bruchstücken zermahlen, kalkige («karbonatische») Ablagerungen. Der Boden warmer Meere ist bis in Tiefen von vier- oder fünftausend Meter vorwiegend von derartigem Kalkschlamm bedeckt, der nach einem hier sehr verbreiteten Einzeller *Globigerinenschlamm* genannt wird. In größerer Tiefe werden Kalkschalen durch die kalten Tiefenwässer aufgelöst, wobei der dort herrschende hohe Druck diesen Vorgang noch beschleunigt. In den tiefen Meeresbecken gelangt nur noch der allerfeinste, von den Kontinenten her stammende Ton zur Ablagerung. Die Tiefseetone sind charakterisiert durch außerordentlich geringe Sedimentationsgeschwindigkeiten: Man rechnet mit rund einem Millimeter je 1000 Jahre. Gewisse tropische Tiefseesedimente enthalten neben Ton große Mengen kieseliger Skeletteile von Radiolarien (Kieselalgen). In kalten Gewässern treten an die Stelle der Radiolarien die Diatomeen.

Von allen gelösten Stoffen, die ins Meer gelangen, haben wir bis jetzt lediglich den Kalk erwähnt. Was geschieht mit den übrigen? Fast alle diese Substanzen sind leichter löslich als Kalk, werden daher nur in ganz besonderen Fällen ausgeschieden und reichern sich im Meerwasser seit Jahrmillionen an. Der Salzgehalt der Weltmeere beträgt heute im Mittel etwa 3,5 Prozent. Ein Liter Meerwasser enthält in gelöster Form:

Chlor	19,0 g	Kalium	0,38
Natrium	10,5	Brom	0,065
Magnesium	1,35	Kohlenstoff	0,028
Schwefel	0,885	Strontium	0,008
Calcium	0,4	Bor	0,0046

Abb. 15: *Sedimentbildende Organismen im Rasterelektronenmikroskop*
1 *(oben) Kieselgerüst einer Radiolarie aus heutigen Tiefseesedimenten (der Drake-Straße zwischen Südamerika und der Antarktis). Vergrößerung etwa 270fach*
2 *(rechts) Kalkgehäuse einer Globigerina (fossil; Kreide). V. ca. 170fach*
3 *(unten) Kalkgehäuse («Coccosphäre») einer einzelligen, planktonischen Alge (fossil; Dogger). Vergrößerung etwa 2900fach*

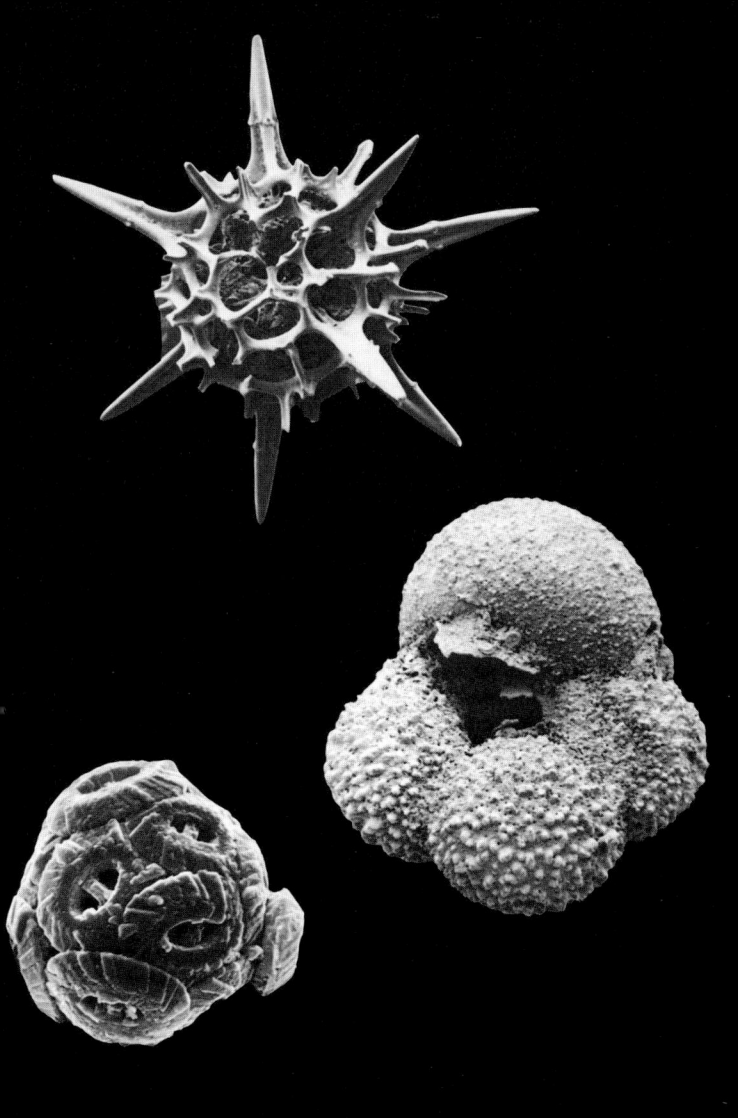

Neben diesen zehn häufigsten Elementen lassen sich aber praktisch auch alle anderen im Meerwasser nachweisen. Wenn auch zum Beispiel Zink nur zu 0,1 Milligramm in einem Liter Meerwasser vorhanden ist, so enthalten die Ozeane doch insgesamt etwa 10^{10} (zehn Milliarden) Tonnen, eine Menge, welche die bekannten nutzbaren Vorkommen dieses Metalls auf den Kontinenten um ein Vielfaches übersteigt. Kein Wunder, daß vielerorts Methoden ersonnen werden, um diese gewaltigen Rohstoffvorräte nutzbar zu machen. Neben großen Mengen Kochsalz wird heute bereits fast die ganze Weltproduktion an Brom (das als Benzinzusatz große Bedeutung hat) aus dem Meer gewonnen.

Es braucht sehr spezielle Bedingungen, damit sich im Meer leichtlösliche Salze niederschlagen. Zur Ausfällung von Gips müssen etwa 70 Prozent des Wassers, für die Ausfällung von Kochsalz etwa 90 Prozent und für die leichtestlöslichen Kaliumsalze noch größere Wassermengen eingedampft werden. Das kann nur in heißem, trockenem Klima in flachen, abgeschnürten Meeresbuchten oder Lagunen geschehen. Viele fossile Salzlager sind hundert und mehr Meter mächtig. Eine Schicht Meerwasser von einem Kilometer Dicke ergibt eingedampft 15 Meter Salz. Man muß für die Entstehung dieser Vorkommen demnach einen vielfachen Wechsel von Überflutung und Eindampfung annehmen; auch die Abfolge der verschiedenen Salze in den nutzbaren Vorkommen macht dies wahrscheinlich. Gegenwärtig werden auf der Erde nur sehr geringmächtige Salzlager gebildet (im Persischen Golf, im Roten Meer und im südlichen Mittelmeer). Die salzreichsten Formationen in Europa sind das Perm und die Trias (s. Tabelle S. 118/119).

Das Meer enthält riesige Mengen von **Lebewesen**; man schätzt die jährliche Produktion auf $10^{12}-10^{13}$ (1000 bis 10 000 Milliarden) Tonnen. Der weitaus größte Teil davon entfällt auf Bakterien und planktonische Lebewesen; Fische und Säugetiere stellen einen verschwindend kleinen Anteil. Beim Absterben können *Skeletteile* und *Schalen* erhalten bleiben und Sedimente aufbauen. Die meisten *Weichteile* werden durch Bakterien unter Mithilfe von Sauerstoff (der bis in große Tiefen im Meerwasser gelöst vorkommt) oxidiert und zersetzt.

In Binnenmeeren, zum Beispiel im Schwarzen Meer, existiert eine sauerstoffarme und dann oft schwefelwasserstoffhaltige Bodenschicht. Die anfallende organische Substanz wird hier entweder überhaupt nicht oder durch anaerobe (ohne Sauerstoff lebende) Bakterien nur unvollständig zersetzt. Ebenfalls durch Bakterien erfolgt dann ein chemisch sehr komplizierter weiterer Abbau zu Kohlenwasserstoffen, zu *Erdöl* und *Erdgas*. Auf diese Weise hat man sich auch die Bildung der fossilen, heute im Abbau befindlichen Erdöl- und Erdgaslager vorzustellen.

Auf einer Karte läßt sich die Verteilung der wichtigsten Sedimente in den heutigen Weltmeeren gut darstellen (Abb. 16). Entlang den Kontinentalrändern (weißer Saum) findet man die mengenmäßig sehr bedeutenden («litoralen» und «hemipelagischen») Sedimente des Schelfs und des Kontinentalabhanges. Flächenmäßig haben der Tiefseeton und der Globigerinenschlamm die größte Verbreitung. Der Diatomeenschlamm ist an kalte Gewässer gebunden. Kreuze zeigen die Verbreitung der riffbildenden Korallen an, die Oberflächenwasser von mindestens 20° Wärme benötigen. An diese Darstellung müssen wir uns später wieder erinnern: Sie zeigt mit aller Deutlichkeit, daß zu einem gegebenen Zeitpunkt auf der Erde ganz unterschiedliche Sedimente gebildet werden und daß es große Gebiete gibt — die Kontinente nämlich —, in denen eine bestimmte Epoche, die Jetztzeit, nicht durch Sedimente repräsentiert wird. Das ist in der geologischen Vergangenheit nicht anders gewesen.

Ein bestimmter Zeitabschnitt der Erdgeschichte ist meist nur lokal durch ein bestimmtes Gestein charakterisiert; weltweit gesehen ist es die Regel, daß gleich alte (isochrone) Gesteine unterschiedlich ausgebildet (heterofaziell[1]) sind. Umgekehrt gilt natürlich: Gleich ausgebildete (isofazielle) Sedimente können zu ganz verschiedenen Zeiten gebildet worden sein, also durchaus heterochron sein.

---

[1] Unter Fazies (lat. Gesicht, Aussehen) versteht man die Gesamtheit aller Merkmale einer Ablagerung; isos = griech. gleich; heteros = griech. andersartig, verschieden).

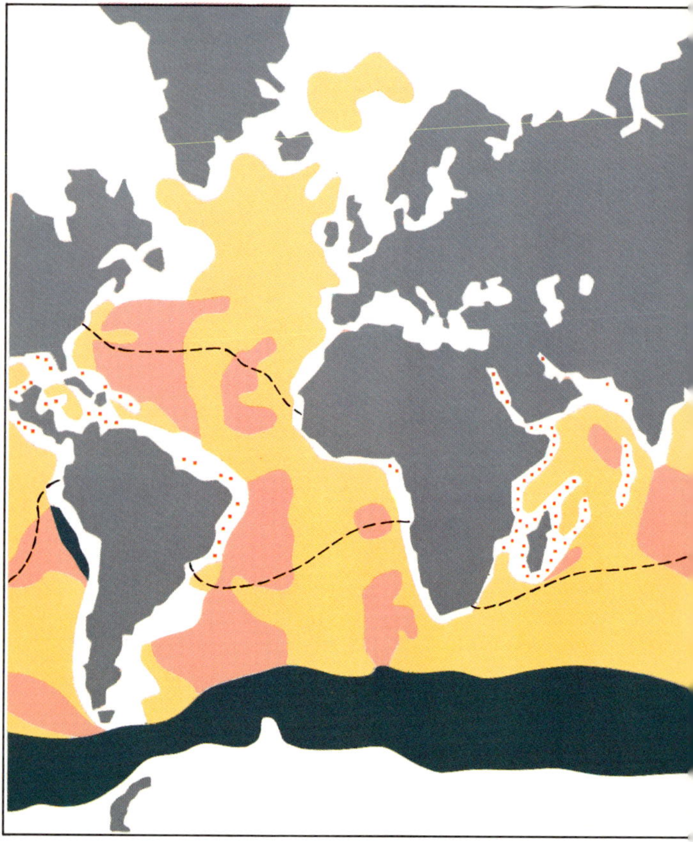

 Roter Tiefseeton
Diatomeenschlamm
····· Verbreitung der riffbildenden Korallen

 Globigerinenschlamm
Radiolarienschlamm

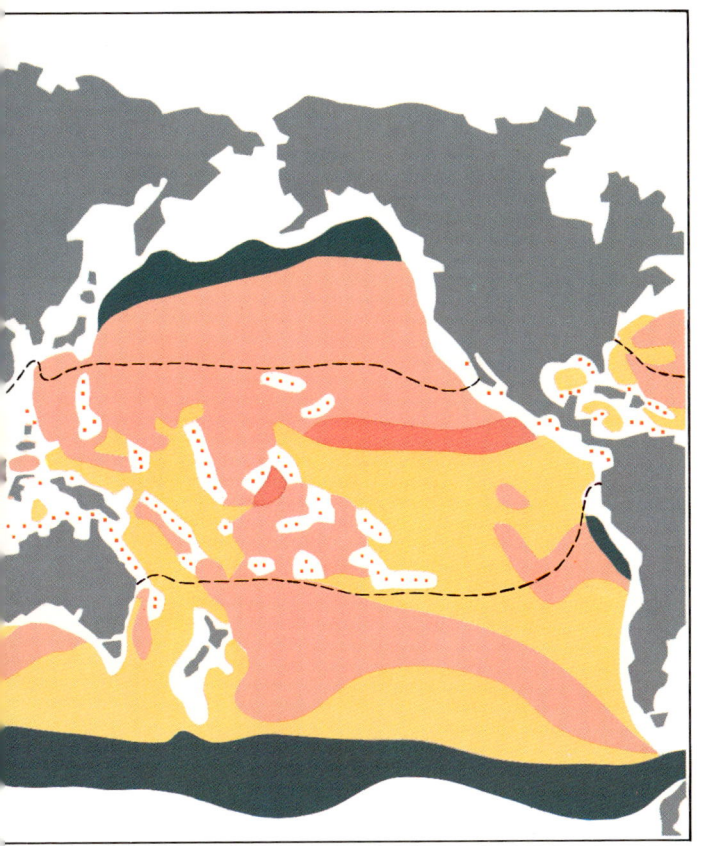

– – – 20°-Isotherme des Oberflächenwassers im kältesten Monat

Im schmalen Saum um die Kontinente: Schelfablagerungen («litorale» und «hemipelagische» Sedimente)

Abb. 16: *Die heutige Sedimentation in den Ozeanen*

Diagenese. Unter Diagenese versteht man die Summe aller Veränderungen, die in einem Sediment nach der Ablagerung bis zu seiner Verfestigung vor sich gehen.

Im Zeitpunkt ihrer Ablagerung liegen Sedimente in Form lockerer, unzusammenhängender Massen (zum Beispiel Sand, Kies, Blockschutt) oder wassergesättigter Schlämme (tonige, kalkige und kieselige Sedimente) vor. Aus eigener Anschauung wissen wir, daß vielerorts entsprechend zusammengesetzte Gesteine in fester Form vorkommen: Sandsteine, Konglomerate (Nagelfluh), Kalksteine und Schiefertone.

Alle diese Sedimente sind diagenetisch verfestigt. Die Ursache der Veränderungen ist die Überlagerung eines Sediments mit jüngeren Schichten, was eine Erhöhung des Drucks und der Temperatur bewirkt; eine wichtige Rolle spielen auch die im Porenwasser gelösten Substanzen.

Äußerlich zeigt sich die fortschreitende Diagenese in einer *Zunahme der Dichte* (Kompaktion), in einer *Zunahme der Festigkeit* (Zusammenhang der Komponenten) und einer *Entwässerung*. Die Zunahme der Dichte ist eine Folge der *Verringerung des Porenvolumens*. Das Porenvolumen ist der Anteil der Hohlräume am Gesamtvolumen eines Gesteins; es wird zahlenmäßig in Prozenten angegeben. Ein Porenvolumen von 60 Prozent bedeutet also: Poren (Hohlräume) nehmen 60 Prozent des Gesamtvolumens des betreffenden Gesteins ein. Da die Poren bei Sedimenten fast immer mit Wasser gefüllt sind, ist die Entwässerung eine direkte Folge der Schließung der Poren.

Die Geschwindigkeit der Diagenese der Sedimente ist sehr unterschiedlich. Sie ist abhängig von der Überdeckung mit jüngeren Ablagerungen, aber auch vom Gehalt des Porenwassers an gelöstem Zementationsmaterial. So ist der berühmte «blaue

Abb. 17: *Sedimente I*
1 *(ol): Breccie (Arzo, Schweiz)*
2 *(or): Bunter, geschichteter Sandstein (Heidelberg, BRD)*
3 *(ml): Konglomerat (Nagelfluh) (Goldau, Schweiz)*
4 *(mr): Mergel (Beckenried, Schweiz)*
5 *(ul): Silt und Ton in feiner Wechsellagerung (Gerzensee, Schweiz)*
6 *(ur): Tonschiefer mit Pflanzenresten (Salvan, Schweiz)*

Ton von Petersburg» trotz seines permischen Alters von über 200 Millionen Jahren noch weich und plastisch, während gleichaltrige und weit jüngere Tone in den Alpen nicht nur längst den höchsten Diagenesegrad erreicht haben, sondern darüber hinaus metamorph umgewandelt worden sind. In den Flußtälern des Alpenvorlandes sind viele Schotter ganz unverfestigt, während man in der Nähe kalkhaltiger Quellen oft fest zu Breccien zementierten jungen Gesteinsschutt finden kann.

Diagenese von Sanden: Frisch abgelagerte Sande haben ein Porenvolumen von etwa 40 Prozent. Die kugelige Form der Körner erlaubt auch bei großer Belastung keine sehr große Abnahme des Porenvolumens; es sinkt auf 20 bis 30 Prozent bei zwei Kilometern Überdeckung. Die Verfestigung zum Sandstein erfolgt meist dadurch, daß der Porenraum durch Absätze aus dem Porenwasser ausgefüllt wird. Die beiden wichtigsten Zementationsmaterialien sind Calcit und Quarz (oder andere Formen des Siliciumdioxids wie Opal oder Chalcedon).

Die *diagenetischen Veränderungen toniger Sedimente* sind in der nachfolgenden Tabelle zusammengestellt.

Name (Zustand)	Dichte	Porenvolumen in Prozent (~Wassergehalt)	Überdeckung km	Temperatur °C
Tonschlamm	1,5	70−90	−	niedrig
Weicher Ton	1,75	40−80		niedrig
Verfestigter Ton	2,2	25−40	0−0,5	niedrig
Tonstein-Schieferton	2,2−2,5	4−25	0,5−10	bis 220
Tonschiefer (beginnende Metamorphose)	2,6−2,7	3	mehr als 5−10	über 220

Die außerordentlich starke Kompaktion der Tongesteine bei der Diagenese hat ihre Ursache in der blättrigen Struktur der Tonmineralien. Im frischen Sediment liegen die Blättchen kartenhausartig durcheinander; daher das sehr große Porenvolumen. Bei zunehmender Belastung legen sich die Blättchen mehr und mehr parallel, was auch die blättrig-schiefrige Beschaffenheit der Schiefertone erklärt. Die Zunahme der Festigkeit ist in der starken Verfilzung der Einzelblättchen begründet. Im Laufe der Diagenese finden in Tongesteinen wichtige mineralogische Veränderungen statt. Generell werden dabei aus Tonmineralien Glimmermineralien (Serizit) und Chlorit gebildet. Äußerlich erkennt man dies an der Quellbarkeit des Gesteins: ein kompakter Schieferton quillt schlecht, ein Tonschiefer überhaupt nicht mehr. Bei der Verfestigung von Kalkschlämmen und Kalksanden zu Kalksteinen findet eine Entwässerung und eine Zementation statt. Die Zementation erfolgt in den meisten Fällen durch den im Porenwasser gelösten Kalk; Karbonatsedimente sind während der Diagenese für chemische Veränderungen recht anfällig. So wird zum Beispiel der Dolomit (Calcium-Magnesium-Carbonat) bei der Diagenese durch Einwirkung magnesiumhaltigen Porenwassers auf Calcit (Calciumcarbonat) gebildet.

Infolge des sehr ungleichen Ausgangsmaterials sind Kalksteine sehr vielfältig ausgebildet (Variation des Korns, der Porosität, der Farbe, der Fossilführung usw.); Beispiele sind in Abbildung 18 auf der übernächsten Seite zu finden.
Während der Diagenese vollzieht sich die *Bildung von Erdöl* aus den organischen Ausgangssubstanzen im Sediment. Im günstigen Fall wird es — ebenfalls während der Diagenese der umgebenden Gesteine — abgepreßt und reichert sich in «Speichergesteinen» (oft Sandsteine und Kalke) in Poren und Klüften an. Auch die Umwandlung von Torf in Braunkohle, Steinkohle und Anthrazit (die sogenannte Inkohlung) ist ein diagenetischer Vorgang; ihre Intensität ist ausschließlich von der maximal erreichten Temperatur abhängig.
Es wurde bereits angedeutet, daß bei höheren Drücken und Temperaturen sich an die Diagenese die weitergehende Um-

wandlung der Metamorphose anschließt. Der Übergang wird heute etwa auf Temperaturen von 220 bis 240°C angesetzt. Man erkennt ihn im Gestein am Auftreten bestimmter Mineralien (siehe Seite 86). Kohle, Erdöl und Erdgas sind nur unter den Bedingungen der Diagenese beständig; bereits eine schwache Metamorphose zerstört diese wirtschaftlich so wichtigen Rohstoffe.

Magmatische Gesteine
Magmatische Gesteine entstehen durch Erstarrung von heißen Gesteinsschmelzen, die man nach dem griechischen Wort für Teig *Magma* genannt hat. Magmen bilden sich in Erdtiefen von 10 bis 150 Kilometern durch teilweises Aufschmelzen von Gesteinen der unteren Erdkruste oder des oberen Erdmantels bei Temperaturen von zwischen 700 und 1300°C. Magma stammt zwar aus der Tiefe, aber immer noch aus den äußersten Bereichen der Erde und keinesfalls aus dem «Erdinnern», wie oft angenommen wird. Ebensowenig gibt es riesige Magmenreservoire. Magmen entstehen im Gefolge von tiefreichenden geologischen Vorgängen von Fall zu Fall, zum Beispiel durch Wärmezufuhr.
Bei allen Unterschieden in der Zusammensetzung sind die Hauptbestandteile dieser Schmelzen die Elemente Silicium und Sauerstoff; es sind *Silikatschmelzen,* vergleichbar etwa mit verflüssigtem Glas. Dazu kommen die metallischen Elemente Natrium, Kalium, Calcium, Aluminium, Eisen und Magnesium und ein geringer, aber für verschiedene Vorgänge recht bedeutsamer Anteil an gelösten Gasen.

Abb. 18: *Sedimente II (Kalksteine)*
1 *(ol): Sandkalk mit Belemnit, Lias (Samnaun, Schweiz)*
2 *(or): Glaukonitischer Kalkstein mit Nummuliten. Eocän (Buochs, CH)*
3 *(ml): Echinodermenbreccie = Kalkstein aus Bruchstücken von Seelilien und anderen Fossilien. Lias (Arzo, Schweiz)*
4 *(mr): Rötlicher Kalkstein mit Ammoniten-Abdruck. Lias (Clivio, CH)*
5 *(ul): Weißer, feinkörniger, splittriger Kalkstein. (Malm, Istein, BRD)*
6 *(ur): Korallenkalk. Malm (Vättis, Schweiz)*

Mehrere Bedingungen müssen erfüllt sein, daß Magmen von ihrem Entstehungsort in höhere Bereiche des Mantels oder der Kruste aufsteigen können. Es braucht einen *Weg,* einen *Auftrieb* und genügend *Beweglichkeit (Dünnflüssigkeit).* Der Weg ist oft vorgezeichnet durch tiefreichende Störungen in der Erdkruste; wir werden später sehen, daß magmatische Gesteine weitgehend an die dynamischen Nahtzonen der Erde, die Plattengrenzen, gebunden sind. Ein Auftrieb ist vorhanden, wenn die Schmelze eine geringere Dichte hat als ihre Umgebung. Da die Dichte der Gesteine gegen oben, das heißt vom Mantel zur Kruste und auch innerhalb der Kruste, abnimmt, kann dieser Auftrieb durchaus während des Aufstieges geringer werden. Zusammen mit einer Abnahme der Dünnflüssigkeit führt dies dazu, daß gewisse Magmen innerhalb der Erdkruste steckenbleiben und dort zu *plutonischen Gesteinen* erstarren. Andere steigen durch die gesamte Kruste auf und treten, begleitet von den Erscheinungen des Vulkanismus, an der Erdoberfläche («subaerisch») oder auf den Ozeanböden («submarin») als *vulkanische Gesteine* oder *Ergußgesteine* aus.

Wenn Magma entlang von Spaltensystemen aufsteigt, so bedeutet dies, daß ältere, bestehende Gesteine durchbrochen werden. Wie magmatische Gesteine die Strukturen ihrer Nebengesteine durchsetzen, kann man besonders gut an dünnen, plattenförmigen Vorkommen (sogenannten «Gängen») beobachten (Abb. 19).

Die Benennung magmatischer Gesteine beruht auf ihrer chemischen Zusammensetzung, die sich äußerlich in der Art und im Anteil der Mineralien zeigt. Der Mineralbestand einiger verbreiteter Gesteine ist im Schema Seite 63 zusammengestellt. Man kann ihm beispielsweise entnehmen, daß das Tiefengestein Granit und das Ergußgestein Rhyolith dieselbe Zusammensetzung haben; beide bestehen aus Quarz, zwei Feldspäten und etwas Glimmer und Amphibol. Beide sind aus gleichartigem Magma erstarrt, der Granit innerhalb der Erdkruste, der Rhyolith an der Erdoberfläche. Dies führt zu zwei äußerlich recht verschiedenen Gesteinen: hier der grobkörnige Granit, dort der Rhyolith mit einzelnen gutgewachsenen Kristallen in einer feinstkörnigen, weil sehr rasch erstarrten Grundmasse.

Abb. 19: *Helle Granitgänge durchsetzen älteres, aus Gneis und Migmatit bestehendes Grundgebirge (Massaschlucht, Wallis, Schweiz).*

Die im Schema aufgeführte Unterteilung in *sauer, intermediär, basisch* und *ultrabasisch* bezieht sich auf den Silikatgehalt (den «Kieselsäuregehalt») der Gesteine bzw. der Schmelzen. Mit dem chemischen Säurebegriff und mit dem pH-Wert von Flüssigkeiten hat diese Bezeichnung nichts zu tun.

Saure Magmatite sind helle Gesteine dank dem hohen Gehalt an Quarz und Feldspäten, basische sind dunkel und enthalten reichlich Mineralien wie Pyroxen und Olivin.

Untersucht man die Gesteine auf die Häufigkeit ihres Auftretens, so ergibt sich eine erstaunliche Dominanz einzelner Typen:

Die allermeisten plutonischen Gesteine, mehr als 80 bis 90 Prozent, sind Granite oder die verwandten Granodiorite. Umgekehrt herrschen bei den Vulkaniten basische Gesteine, Basalte

Abb. 20: Charakteristisches Gefüge des Tiefengesteins Gabbro (unten) und des entsprechenden Ergußgesteins Basalt (oben). Mikroskop-Fotos von Dünnschliffen, Vergrösserung ca. 10×. Die lamellenartig gestreiften Kristalle sind Plagioklase.

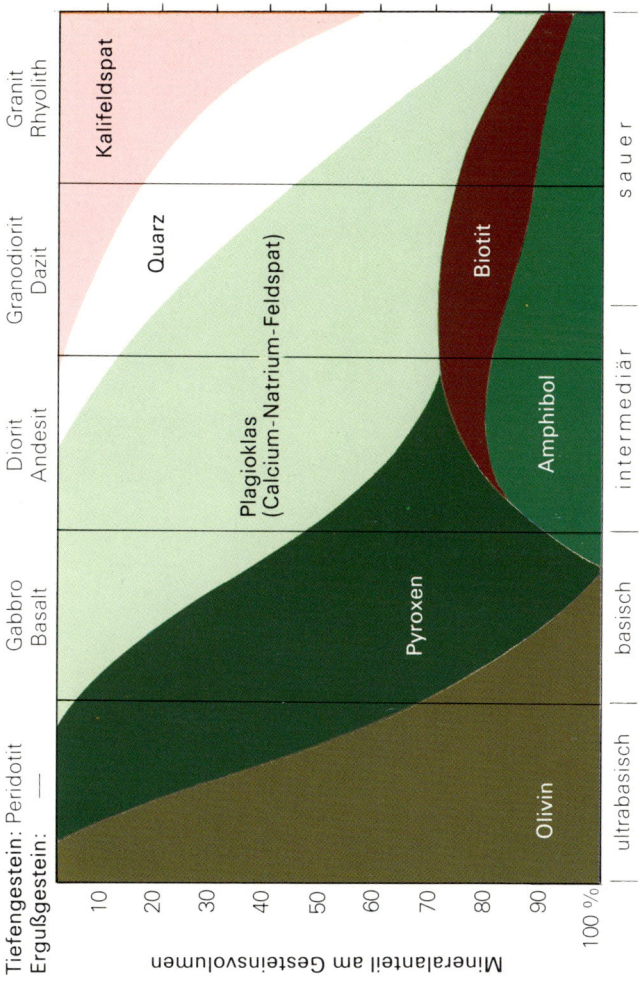

Abb. 21: *Säulen im Basaltsteinbruch (Massif Central, Frankreich)*

und Andesite, im gleichen Ausmaß vor. Offenbar ist die Chance, an die Oberfläche der Erdkruste aufzusteigen, für basische Magmen ungleich viel größer als für saure.

Das ist nun eine wichtige Tatsache. Zu ihrer Erklärung könnte man sehr vereinfachend sagen, daß es der Entstehung nach nur zwei Magmentypen gibt, den sauren (rhyolithisch-granitischen) und den basischen (basaltisch-gabbroiden).

Saure Magmen entstehen meist bei gebirgsbildenden Vorgängen. Dabei werden ältere Krustengesteine so tief versenkt, daß sie teilweise zu schmelzen beginnen. Das ist der Fall in Tiefen von rund 25 Kilometern und Temperaturen von etwa 700°C. Es entsteht eine saure, granitische Schmelze, die von allem Anfang an aufgrund des hohen Silikatgehaltes zähflüssig ist; diese Eigenschaft verstärkt sich während des Aufstiegs, die

Schmelze wird zusehends unbeweglicher und bleibt im Normalfall einige Kilometer unter der Oberfläche stecken. Hier erstarrt sie zu Granitkörpern, wie man sie dann häufig im Unterbau von Gebirgen beobachten kann.

Basische Magmen entstehen als Aufschmelzungsprodukte des Gesteins Peridotit im oberen Erdmantel (S. 28), und zwar bei Temperaturen von um 1300°C. Diese werden erreicht in Tiefen von 10 bis 50 Kilometern im mittelozeanischen Bereich und von 80 bis 150 Kilometern in allen übrigen Fällen. Die hohe Ausgangstemperatur und die Dünnflüssigkeit der Magmen begünstigen einen raschen Aufstieg; dazu kommt, daß basaltische Schmelzen aus physikalisch-chemischen Gründen während des Aufstiegs dünnflüssiger werden. Die Chance, den Oberrand der Erdkruste zu erreichen, ist also groß.
Auf das spezielle Problem der Entstehung der Andesitmagmen kommen wir später zurück (S. 146).
Das Basaltische kann als das Urmagma angesehen werden. Die Vielfalt weniger häufiger Typen von Tiefengesteinen und Ergußgesteinen ist durch Veränderung des Ausgangsmagmas beim Aufsteigen zu erklären. In Frage kommen zwei Vorgänge:

- Durch Kristallisation bestimmter Mineralien und anschließenden Absatz aus der Schmelze entstehen mehrere unterschiedlich zusammengesetzte Gesteine («Fraktionierung», «Differentiation»).
- Als Folge eines Aufschmelzens mischt sich das Magma mit dem Nebengestein, das natürlich sehr variabel zusammengesetzt sein kann.

In der Natur sind plutonische und vulkanische Gesteine nicht immer scharf gegeneinander abgegrenzt. Es leuchtet ein, daß es in den tiefsten Teilen eines Vulkankomplexes und in den höchsten Bereichen eines Tiefengesteinskörpers Übergangsgesteine geben kann. Solche Zwischenglieder treten oft als Spaltenfüllungen (Gänge) auf und werden daher *Ganggesteine* genannt.

Wenn wir in den folgenden zwei Abschnitten den Schwerpunkt auf die Beschreibung der Vulkanite und des Vulkanismus legen, so hat das einen didaktischen und keinen wissenschaftlichen Grund. Vulkanische Phänomene sind anschaulich, attraktiv und finden heute vor unseren Augen statt, im Gegensatz zu den plutonischen Gesteinen, die erst viele Millionen Jahre nach ihrer Abkühlung, wenn überhaupt, an die Erdoberfläche gelangen.

Plutonische Gesteine und Plutonismus
Wir haben gesehen, daß vor allem saure Magmen häufig einige Kilometer unter der Erdoberfläche steckenbleiben. Man spricht von der «Platznahme» oder der «Intrusion» einer Schmelze. Ihre Wärme und die beim Kristallisieren zusätzlich freiwerdende Wärmemenge werden nun bis zum Temperaturausgleich an die kühleren Nebengesteine abgegeben. Diese erfahren eine mehr oder weniger intensive Veränderung, welche man als Kontaktmetamorphose bezeichnet. Berechnungen ergeben, daß die Zeit bis zum Temperaturausgleich bis zu einer Million Jahre dauern kann. Die Mineralien haben daher viel Zeit zum Wachsen. Es entsteht das typische kompakte Tiefengesteinsgefüge mit ineinander verzahnten Mineralkörnern von einigen Millimetern bis wenigen Zentimetern Größe (Abb. 1, S. 6, und Abb. 22). Die Gesteine werden dadurch sehr kompakt und bekommen einen hohen inneren Zusammenhalt. Man sagt nicht von ungefähr «hart oder zäh wie Granit» oder «auf Granit beißen».

Die Erstarrung erfolgt in einer ganz bestimmten Reihenfolge der Mineralien; so verändert sich logischerweise die Zusammensetzung der restlichen Schmelze. Häufig kommt es dabei

Abb. 22: *Plutonische Gesteine*
1 *(ol): Granit (Bergell, Schweiz)*
2 *(or): Granodiorit (Grimselpaß, Schweiz)*
3 *(ml): Syenit (Biella, Italien)*
4 *(mr): Diorit (Odenwald, BRD)*
5 *(ul): Gabbro (Habkern, Schweiz)*
6 *(ur): Peridotit (Finero, Italien)*

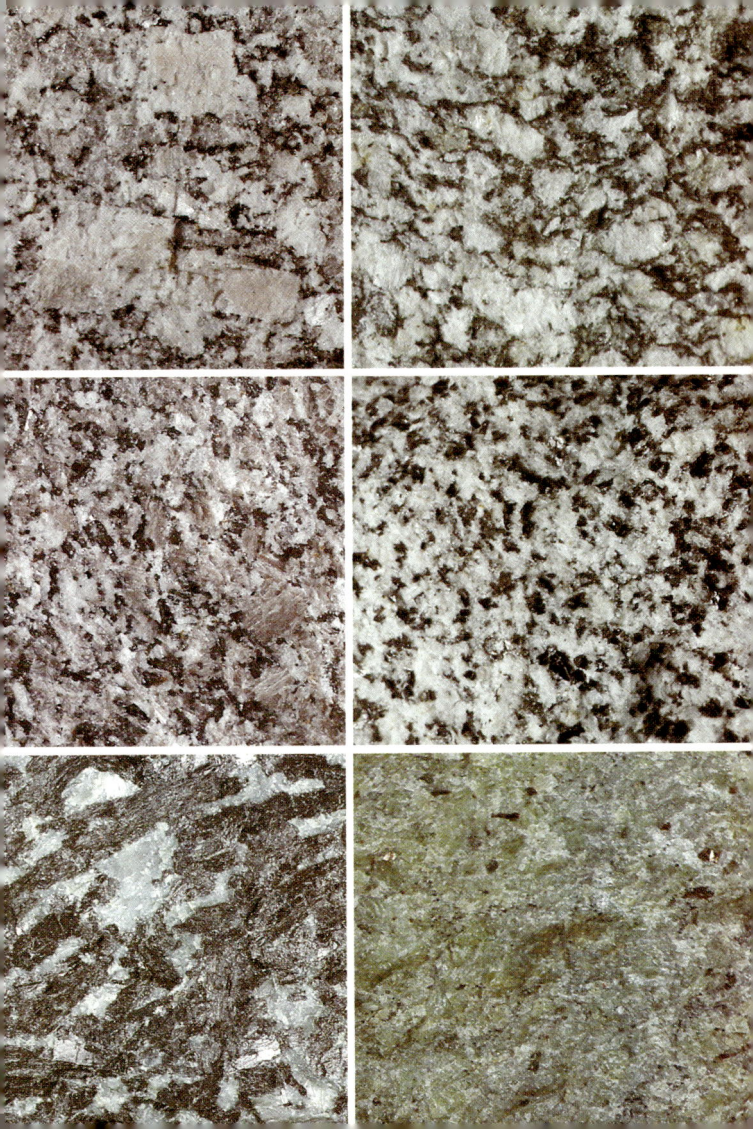

zu einer Anreicherung bestimmter Elemente: Viele wichtige Erzlagerstätten der Erde befinden sich in der Nähe von Graniten und sind aus Restschmelzen entstanden.

Diese Vorgänge, das sei noch einmal betont, spielen sich im Innern der Erdkruste ab. Die zahlreichen heute an der Erdoberfläche zutage tretenden Tiefengesteine sind erst lange nach ihrer völligen Erstarrung durch Hebungs- und Abtragungsvorgänge freigelegt worden. Die meist in wohlumgrenzter Form vorliegenden Gesteinskörper sind von ganz unterschiedlicher Form und Größe. Viele sind langgestreckte, steilgestellte Platten, andere sind kuppel- oder pilzförmig. Die Oberflächen variieren von einigen bis zu vielen zehntausend Quadratkilometern. Obwohl es sich um dreidimensionale Körper handelt, gibt man Flächen und nicht Kubaturen an, weil man oft wenig über Form und Verlauf der Kontakte im Untergrund weiß. Aber schon die Annahme von wenigen Kilometern Tiefgang ergibt gewaltige Volumina, und es ist schwer vorstellbar, wie derartige Schmelzmassen sich bilden, sammeln und aufsteigen können.

Man muß sich auch fragen, wohin denn die Gesteine, die vor der Intrusion der Plutonite diesen Raum eingenommen haben, verschwunden sind. Offenbar sind die Schmelzen in riesige, sich im Verlauf gebirgsbildender Vorgänge sukzessiv öffnende Spaltensysteme eingeströmt. Wiederum kann man sich diesen Vorgang im kleinen bei magmatischen Gängen gut vorstellen (Abb. 19, S. 61).

Wie auf S. 64 erklärt, entstehen Plutonite oft im Verlaufe von Gebirgsbildungen. Dementsprechend finden wir in Mitteleuropa viele Granite in den von der Abtragung freigelegten Tiefenzonen der alten Gebirge: Schwarzwald, Vogesen, Odenwald, Böhmische Masse, alpine Zentralmassive (Aar-, Gotthard- und Mont-Blanc-Massiv), französisches Massif Central usw.

Abb. 23: *Kleiner, von der Abtragung freigelegter Granitstock (Mittagfluhgranit, Grimselpaß, Schweiz)*

Vulkanische Gesteine und Vulkanismus

Vulkanische Phänomene spielen sich an der Obergrenze der Erdkruste ab, auf Kontinenten und Inseln und auf dem Boden der Meere. Es sind diejenigen geologischen Vorgänge, die den Menschen — neben den Erdbeben — seit jeher am tiefsten beeindruckt haben. Auch wer nicht direkt betroffen ist, bekommt heute am Fernsehen einen nachhaltigen Eindruck von den Urkräften bei der Geburt einer vulkanischen Insel (Surtsey 1963), bei einem Lavaausbruch (Heimaeoy 1974, Kolumbien 1985) oder bei der Explosion eines Vulkans (Mount St. Helens 1980).

Man teilt die Förderprodukte des Vulkanismus in drei Gruppen ein:
Laven: ausfließende Schmelzen, die zu vulkanischen Gesteinen (Vulkaniten) erstarren; der deutsche Name Ergußgestein umschreibt den Sachverhalt anschaulich.
Tephra: in festem Zustand ausgeworfene Gesteinsbruchstücke.
Gase.

Laven ergießen sich als Schmelzen mit Temperaturen von 900 bis 1250 °C aus Schloten oder Spalten. Das Verhalten nach dem Austritt ist von ihrer Zusammensetzung abhängig. Saure und intermediäre Laven wie Rhyolithe und Andesite sind zähflüssig. Sie bilden meist nur ganz kurze Lavaströme, die vielfach nicht einmal den Fuß eines Vulkankegels erreichen. Sehr viel beweglicher sind die basaltischen Schmelzen; schon bei sehr schwach geneigtem Gelände bilden sie Lavaströme, die sich mit bis zu dreißig Stundenkilometern vorwärtsbewegen, und zwar viele Kilometer weit. Noch spektakulärer kommt die Dünnflüssigkeit des Basalts bei Eruptionen aus kilometerlangen Spalten in ebenen Gebieten zum Ausdruck. In Schüben breitet sich die Lava flächig über riesige Areale aus. In Extremfällen sind innerhalb weniger Tage rund 200 000 Quadratkilometer

Abb. 24: *Der explosive Ausbruch des Mount St. Helens im Staat Washington am 18. Mai 1980. Die Höhe der Eruptionssäule beträgt rund 15 Kilometer.*

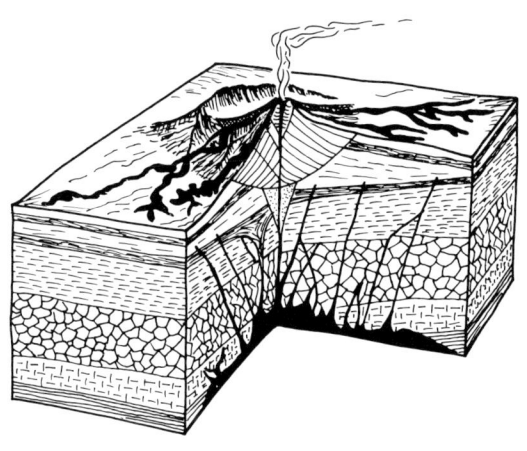

Abb. 25: *Der Aufbau eines Vulkans (Vesuv) (nach Rittmann)*

überflutet worden; das entspricht etwa 80 Prozent der Oberfläche der Bundesrepublik Deutschland! Solche *Plateau-* oder *Flutbasalte* bedecken sieben Prozent der Landoberfläche der Erde! Die größten Vorkommen befinden sich in Brasilien (Paraná), Indien (Dekkan), den USA (Columbia River) und in Südafrika (Karroo). Jedes hat eine Oberfläche von mehreren hunderttausend Quadratkilometern bei einer Dicke von einem bis zwei Kilometern.

Lavaströme sind auffällige Gebilde mit typischen Erstarrungsformen. An der Oberfläche sind sie blockig und scharfkantig (und daher manchmal kaum begehbar) oder wulstig-seilartig; oft kann man sich den Fließvorgang gut vorstellen. Wird das Innere eines Basaltstroms durch Erosion oder menschliche Tätigkeit freigelegt, so kann man häufig eine Absonderung in Säulen mit fünf-, sechs- und siebeneckigem Querschnitt beobachten. Es handelt sich um eine während der Abkühlung infolge Schrumpfung entstandene Klüftung (Abb. 21, S. 64).

Unter Wasserbedeckung erstarrt Basalt in kissen- und schlauchförmigen rundlichen Formen. Auf dem Boden der Meere finden sich riesige Areale solcher *Kissen-* oder *Pillowlaven* (Bild auf der nächsten Doppelseite).

Das Gefüge der vulkanischen Gesteine ist geprägt durch das Nebeneinander von gut kristallisierten idiomorphen Mineralien (den *Einsprenglingen*) in einer feinkörnigen *Grundmasse.* Die Einsprenglinge sind früh kristallisierte Mineralien, die sich während des Aufstiegs durch die Erdkruste in der Schmelze frei schwebend gebildet haben. Die Grundmasse entsteht bei der sehr raschen Erstarrung an der Erdoberfläche oder im Wasser; dabei bilden sich entweder feinste Kriställchen oder nichtkristallines Glas.

Ein Extremfall ist der *Obsidian,* ein dunkles Gesteinsglas, das aus einer sauren, zähflüssigen, rhyolithischen Schmelze entstanden ist.

Dieses Gefüge der Vulkanite erschwert die Namengebung aufgrund des Mineralbestandes (Abb. 20). Wie kann man sich behelfen? Für den Amateur ist es vor allem wichtig, daß er vulkanische Gesteine als Gruppe erkennt; das ist aufgrund der Struktur und des Fundortes in vielen Fällen möglich.

Darüber hinaus könnte man sich merken:

Basalte, die weitaus häufigsten Vulkanite, sind dunkelgraue, dunkelgrüne bis fast schwarze Gesteine mit Einsprenglingen von Pyroxen oder Olivin.

Saure Vulkanite sind sehr helle Gesteine; die in Mitteleuropa nicht seltenen Rhyolithe sind rötlich oder gelblich und enthalten Quarz und Feldspat als Einsprenglinge (daher der alte Name «Quarzporphyr»). Große tafelige Feldspatkristalle sind typisch für den Trachyt.

Der Fachmann wird für die genaue Charakterisierung rasch einmal eine chemische Analyse des ganzen Gesteins veranlassen.

Folgende Doppelseite
Abb. 26: *Ursprünglich im Meer entstandener, heute herausgehobener Komplex basaltischer Kissenlava (Oman)*

Zum Auswurf von *Festmaterial* kommt es vor allem in Vulkangebieten mit sauren oder intermediären Laven. In diesen zähflüssigen Schmelzen werden die im Magma gelösten Gase erst kurz vor dem Austritt als Blasen freigesetzt. Durch die enorme Drucksteigerung werden Magma und Teile des Schlotes explosionsartig mit Geschwindigkeiten bis zu mehreren hundert Metern in der Sekunde kilometerhoch emporgejagt. (Abb. 24, S. 70). Das Auswurfmaterial fällt zu Boden und bildet dort nach der Korngröße sortierte, gutgeschichtete, dem Relief angepaßte Ablagerungen, sogenannte pyroklastische Sedimente. In verfestigter Form nennt man sie vulkanische Tuffe. Ihre Bestandteile sind *Aschen* (kleiner als zwei Millimeter) und *Lapilli* (2 bis 64 Millimeter); größere Brocken sind *Blöcke* (ausgeworfene Gesteinsbrocken) oder *Bomben* (im Flug erstarrte Lavafetzen). Feine Aschen können sich wochenlang in der Atmosphäre halten. Nach großen Ausbrüchen werden diese feinsten Partikel mit Höhenwinden mehrfach um die Erde verfrachtet.

Die römische Stadt Pompeji wurde beim explosiven Ausbruch des Vesuvs im Jahre 79 n. Chr. durch Lapilli und Aschen eingedeckt. Das benachbarte Herculaneum (Abb. 28, S. 82/83) hingegen wurde durch Schlammströme überschüttet; solche *Lahars* entstehen, wenn sich Aschen mit Wasser von Flüssen oder schmelzendem Eis mischen. Ihre verheerende Wirkung wurde der Welt 1985 beim Ausbruch des Nevado del Ruiz in Kolumbien mit der Zerstörung der Stadt Armero drastisch vor Augen geführt. Vulkanexplosionen gehören zu den verheerendsten Naturkatastrophen, die vor allem den pazifischen Raum immer wieder heimsuchen (S. 78/79).

Abb. 27: *Vulkanite*
1 *(ol): Vulkanischer Tuff mit Gesteinseinschlüssen (Granit, Kalkstein) aus dem Grundgebirge (Rosenegg/Hegau, BRD)*
2 *(or): Basalt mit Einschlüssen von Olivinfels (Fichtelgebirge, BRD)*
3 *(ml): Trachyt mit großen Kalifeldspat-(Sanidin-)Kristallen (Drachenfels, BRD)*
4 *(mr): Andesit (Rumänien)*
5 *(ul): Obsidian (vulkanisches Glas rhyolithischer Zusammensetzung) (Lipari, Italien)*
6 *(ur): Rhyolith (Meißen, DDR)*

Magma enthält im Mittel einige Prozent seines Gewichts *Gase:* Wasserdampf, Kohlendioxid, Wasserstoff, Stickstoff, Chlorwasserstoff, Fluorwasserstoff, Schwefeldioxid und Schwefelwasserstoff. Unter den hohen Drücken der Tiefe sind diese Stoffe in den Schmelzen gelöst, und erst kurz vor dem Austritt werden sie freigesetzt. Die rundlichen Hohlräume vieler fester vulkanischer Gesteine sind nichts anderes als ehemalige Gasblasen in der Lava. Auf diese Weise gelangen große Mengen gasförmiger Substanzen in die Atmosphäre und ins Meerwasser. Man zweifelt nicht daran, daß vulkanische Tätigkeit so maßgeblich an der Entstehung der Lufthülle der Erde und der Ozeane beteiligt gewesen ist.

Auf die Bedeutung der Gase beim explosiven Vulkanismus wurde im vorherigen Abschnitt hingewiesen.

Die alleinige Förderung von Dampf und Gas ist kennzeichnend für abklingende Aktivität einer Region oder für Ruhezeiten (Vesuv und Solfatara bei Neapel). Oft ist sie verknüpft mit dem Auftreten von heißen Quellen und Geysiren (Island, Yellowstone).

Wie wir alle wissen, sind vulkanische Erscheinungen auf der Erde ganz ungleich häufig. Vereinfacht könnte man drei Bereiche unterscheiden: den Vulkanismus *rings um den Pazifik*, denjenigen der *Weltmeere* und denjenigen der *Kontinente außerhalb des Pazifikringes*.

In einer geschlossenen Zone rings um den Pazifik befinden sich rund zwei Drittel der 750 heute (und in historischer Zeit) aktiven übermeerischen Vulkane. Man spricht vom *«Feuerkreis des Pazifiks»* oder vom *«zirkumpazifischen Vulkanismus»*. Er umfaßt die girlandenartig geschwungenen Inselgruppen der Aleuten, Kamtschatkas, der Kurilen, Japans, der Marianen, der Philippinen, der Salomoninseln und auf der Ostseite des Pazifiks die ganze gewaltige Kette der Rocky Mountains und der Anden. Kennzeichnend für diese Zone sind eine enorme Häufung von Erdbeben, die Förderung von intermediärer, recht zähflüssiger Andesitlava und — als Folge davon — explosive Vulkanausbrüche. Hier fanden (und finden) die heftigsten und auch folgenschwersten Vulkanexplosionen statt. Beim Ausbruch des Tambora in Indonesien im Jahre 1815 wurden fast

hundert Kubikkilometer Gestein explosiv ausgeworfen; dabei kamen gegen 92 000 Menschen ums Leben. Weitere schwere Ausbrüche ereigneten sich beispielsweise 1883 (Krakatau, Indonesien), 1956 (Besimjanni, Kamtschatka), 1980 (Mount St. Helens, USA) und 1982 (El Chichón, Mexiko).
Die klassische, steilböschige Form der Vulkane dieser Zone, wie man sie etwa von vielen Bildern des Fudschijamas her kennt, ist bedingt durch die Art der Förderprodukte (Wechsel von Lockermaterial und zähflüssiger Lava).
Eine Erklärung der Entstehung dieser Zone muß im Rahmen der Plattentektonik gegeben werden (Seite 146).
Der Vulkanismus der Weltmeere ist wenig spektakulär, es sei denn, er äußere sich auf schönen Vulkaninseln. Seine große Bedeutung ist auch der Wissenschaft erst in den letzten Jahrzehnten bewußt geworden, seitdem es gelungen ist, den Meeresgrund mit modernen Methoden zu untersuchen.
Aufgrund neuer Erkenntnisse muß man zwei Fälle unterscheiden. An den mittelozeanischen Rücken, jenen Fugenzonen auseinanderweichender Platten (wie sie auf S. 143 beschrieben werden), quillt andauernd basaltische Lava auf den Meeresgrund. Die Menge des hier geförderten Magmas übersteigt die des restlichen irdischen Vulkanismus um das Dreifache! Quelle dieser riesigen Basaltmengen sind zahlreiche kleine und durch Aufschmelzung immer neu entstehende Magmakammern im hier wenig tief liegenden oberen Mantel (S. 28). Auf der Karte S. 140/141 sieht man, daß nur einzelne Vulkaninseln zu dieser Zone gehören; Island ist das bekannteste Beispiel.
Daneben existieren aber viele weitere Vulkaninseln, die offensichtlich nicht an die mittelozeanischen Rücken gebunden sind. Berühmtes und bestuntersuchtes Beispiel ist Hawaii, dessen Vulkankomplex vom Meeresboden aus gemessen mit 10 000 Metern das höchste Bergmassiv der Erde darstellt. Zugleich ist es das klassische Beispiel eines Schildvulkans — so nennt man Vulkane mit extrem flachen, wenige Prozent geneigten Flanken, wie sie nur bei der Förderung von dünnflüssiger, basaltischer Lava entstehen können.
Neben weiteren Inseln mit klingenden Namen (Tahiti, Galapagos, Kanaren, Azoren usw.) hat man allein im Pazifik gegen

30 000 untermeerische Vulkane, sogenannte «seamounts», nachweisen können. Die Frage nach der Entstehung dieses zweiten Typus marinen Vulkanismus beschäftigt und fasziniert die Wissenschaftler gegenwärtig sehr.

Der Vulkanismus auf den Kontinenten, zu welchem der süditalienische oder derjenige des ostafrikanischen Grabens gehören, ist komplizierter Natur. Oft ist er an tiefreichende Bruch- und Grabenzonen gebunden (S. 98); der Vulkanismus des Kaiserstuhls im Oberrheingraben ist ein gutes Beispiel dafür. Die Zusammensetzung der Laven und damit die Art der Tätigkeit ist sehr unterschiedlich. Schuld daran sind Trennungsvorgänge des ursprünglichen basaltischen Magmas innerhalb der Erdkruste («Differentiation») und Veränderungen der Laven durch Aufschmelzung von Nebengestein.

Fast alle Vulkangebiete der Erde werden dauernd von *Erdbeben* heimgesucht; dies erkennt man gut anhand einer Karte, die das Auftreten und die Häufigkeit der Erdbeben auf der Erde veranschaulicht (Abb. 47 auf den Seiten 140/141). Man sieht aber auch, daß die umgekehrte Aussage nicht gilt: Viele Gebiete mit sehr heftigen Erdbeben, wie etwa die Westküste Nordamerikas (Kalifornien), die Türkei und Afghanistan, zeigen keine vulkanische Aktivität. Die verbreitete Auffassung, daß die vulkanische Tätigkeit die Erdbeben hervorrufe, ist falsch. Nur etwa zehn Prozent der registrierten Erdstöße sind durch den Aufstieg und die Platznahme der Laven bedingt; es sind durchwegs lokale Beben. Die übrigen neunzig Prozent, darunter alle Großbeben, sind «tektonische Beben». Sie werden verursacht durch ein momentanes Auslösen von Spannungen, die sich bei tektonischen (gebirgsbildenden) Bewegungen in bestimmten Zonen der Erdkruste aufgebaut haben. Nun ist aber auch der Vulkanismus in vielen Fällen an solche Zonen gebunden (die zirkumpazifische beispielsweise). Erdbeben und Vulkanismus sind recht oft die Folge ein und derselben Ursache; man darf aber nicht sagen, daß sie einander bedingen. Über nähere Zusammenhänge wird auf den Seiten 146/147 berichtet.

Mitteleuropa hat keinen aktiven Vulkanismus; die nächstgelegenen aktiven Vulkane finden wir in Italien (Vesuv, Stromboli und Ätna) und in Island. Die jüngsten vulkanischen Bildungen in

Mitteleuropa sind allerdings nur rund 10 000 Jahre alt: Es ist der explosive Vulkanismus der Eifel in der BRD. Aus verschiedenen Schloten (den heutigen Maaren) wurde in mehreren Schüben Material ausgeworfen, dessen Gesamtmenge diejenige des Mount-St.-Helens-Ausbruchs übersteigen dürfte. In der Umgebung des Laachersees sind mächtige, gut geschichtete Asche- und Lapillischichten mit Blöcken erhalten geblieben; feine Aschen wurden mehrere hundert Kilometer weit nach Nordwesten bis Finnland und nach Süden bis Norditalien verfrachtet. Sehr schön erhalten sind die Formen der noch im Quartär aktiven Vulkane des französischen Massif Central (Auvergne). Erdgeschichtlich gesehen junge (tertiäre), vor allem basaltische Vulkanite sind in Deutschland recht verbreitet. Zentren sind der Westerwald, der Vogelsberg (mit seinen 2500 Quadratkilometern die größte zusammenhängende Basaltmasse des europäischen Festlandes), die Rhön, der Kaiserstuhl und der Hegau.

Metamorphe Gesteine (Metamorphite) und Metamorphose
Mineralien und Mineralassoziationen (= Gesteine) sind meist nur unter den Bedingungen beständig, bei denen sie entstanden sind. Gerät ein Gestein nach seiner Bildung unter Druck- und Temperaturbedingungen, die von denen seiner Entstehung verschieden sind, so werden, bei gleichbleibender chemischer Zusammensetzung des Gesamtgesteins, neue Mineralien gebildet, die bei den neuen Bedingungen stabil sind (Fälle, bei denen während der Metamorphose Stoffe zu- oder weggeführt werden, sollen hier nicht besprochen werden). Eine erste Stufe der Anpassung eines Gesteins an neue Umweltbedingungen haben wir bei der Diagenese der Sedimente kennengelernt; ab Temperaturen von 220 bis 240 °C setzen Vorgänge ein, die man

Folgende Doppelseite
Abb. 28: *Ercolano-Herculaneum, eine Stadt auf zwei Ebenen. Unter den Häusern des heutigen Ercolano südlich von Neapel hat man Teile der beim Vesuvausbruch (79. n. Chr.) von Schlammströmen zugedeckten römischen Stadt Herculaneum ausgegraben. Zwei Drittel der alten Stadt liegen noch (wohl für immer) unter dem in der Bildmitte sichtbaren kompakten Tuff.*

als Metamorphose bezeichnet. «Metamorphose ist die mineralogische Veränderung von Gesteinen unter Beibehaltung des festen Zustandes infolge physikalischer und chemischer Bedingungen, die außerhalb des Bereichs der Verwitterung und der Diagenese in der Tiefe der Erde geherrscht haben und die von denjenigen Bedingungen verschieden sind, bei denen die Gesteine entstanden sind» (Winkler).

Für den Anfänger sind die Metamorphite eine zunächst nicht leicht überblickbare Gesteinsgruppe. Das ist durchaus begreiflich: Die Bildung von Sedimenten und Vulkaniten läßt sich direkt an der Erdoberfläche beobachten; Plutonite entstehen zwar in der Erdkruste, wenn sie aber von der Erosion einmal freigelegt worden sind, lassen sie sich durch ihre abgeschlossene, einfache Form und die Konstanz der Zusammensetzung gut erfassen. Metamorphite hingegen entstehen in der Tiefe der Erdkruste durch Umkristallisation älterer Gesteine verschiedenster Art; einmal freigelegt, geben diese Gneis- und Schieferregionen mit ihren wechselnd zusammengesetzten Gesteinen und ihrem oft komplizierten Bau auch dem Spezialisten immer wieder Probleme auf. Trotzdem muß sich, wer die großen Zusammenhänge in der Geologie erfassen will, mit metamorphen Gesteinen beschäftigen. Ohne die Kenntnis metamorpher Vorgänge kann man eine Gebirgsbildung nicht begreifen. Nachdem die Metamorphite bezeichnenderweise lange Zeit eine relativ wenig bekannte Gruppe von Gesteinen waren, hat die experimentelle Mineralogie in den letzten fünfzehn Jahren große Erfolge auf diesem Gebiet erzielt. Es ist nämlich gelungen, fast alle wichtigen Mineralien und Metamorphite im Labor unter kontrollierten Druck- und Temperaturbedingungen zu synthetisieren. Heute ist es also möglich, von einem im Gelände gefundenen Metamorphit recht genau die Temperaturen und Drücke seiner Bildung anzugeben. Da auch der Temperatur- und Druckverlauf in der Erdkruste ziemlich gut bekannt ist, lassen sich Rückschlüsse auf die Bildungstiefe ziehen, was wiederum für die Kenntnis gebirgsbildender Vorgänge, die ja häufig die Ursache der Metamorphose sind, von größter Bedeutung ist. Um den vielleicht wichtigsten Schluß aus all den Untersuchungen vorwegzunehmen: Es hat sich gezeigt, daß zur

Synthese der meisten metamorphen Gesteine Temperaturen von nicht mehr als 750 °C und Drücke von wenig über 10 Kilobar nötig sind. Nach den Angaben der Geophysiker sind dies aber Bedingungen, die noch innerhalb der Erdkruste vorhanden sind. *Metamorphe Vorgänge spielen sich also normalerweise noch innerhalb der Erdkruste ab!*
Wie kommt es zur Erhöhung von Temperatur und Druck? Vereinfacht sollen hier zwei Fälle unterschieden werden: die *Kontaktmetamorphose* und die *Regionalmetamorphose*. Bleibt eine größere Masse plutonischen Gesteins bei ihrem Aufstieg in der Erdkruste stecken, so wird sie ihre Wärme an das kühlere Nebengestein bis zum Temperaturausgleich abgeben. Da beim Erstarren zusätzlich Wärme frei wird (Gegenteil des Schmelzens!), wird das Nebengestein beim Kontakt sehr oft thermisch beeinflußt, es wird «kontaktmetamorph». Das Ausmaß dieser stets an Plutonitkontakte gebundenen Metamorphose übersteigt kaum einige hundert Meter; es handelt sich also um lokale, wenn auch sehr auffällige und eindrucksvolle Phänomene. Kontaktmetamorphe Gesteine sind sehr oft feinkörnige, massige «Hornfelse». Schöne Beispiele für Kontaktmetamorphose finden sich am Rand des bei der alpinen Gebirgsbildung eingedrungenen Bergeller Granits und der plutonischen Massen des Adamello-Massivs in Norditalien. Viel wichtiger und verbreiteter sind Gesteine, die während gebirgsbildender Vorgänge in tiefe Bereiche der Erdkruste versenkt und metamorphosiert wurden. Dabei handelt es sich in vielen Fällen nicht bloß um eine passive Versenkung (mit Überlagerung durch jüngere Sedimente), sondern um eine gleichzeitige intensive Verfaltung und Durchbewegung. Auf diese Weise entstanden die weitverbreiteten Gneise und Glimmerschiefer. Ihre typischen schiefrigen, plattigen, gefältelten oder stengeligen Gefüge kamen so zustande, daß plattige und stengelige Mineralien (Glimmer, Chlorit, Amphibol) unter dem gerichteten Gebirgsdruck lagig oder linear angeordnet kristallisiert sind. Diese Gefüge zeigen also ein «eingefrorenes» Bild einer Kraftwirkung; das wird bei tektonischen Analysen im Gelände ausgenützt.
Die Temperatur und der Druck während der Metamorphose bestimmen den «Metamorphosegrad» eines Gesteins; der Mine-

ralbestand gibt auch bei makroskopischer Betrachtung wichtige Hinweise:

Niedrigmetamorphe Gesteine sind häufig schiefrig und enthalten Chlorit, Epidot, Quarz, Muskowit (bzw. Serizit). Verbreitet sind «Grünschiefer», Phyllite und Tonschiefer.

Gesteine mittleren Metamorphosegrades enthalten oft Glimmer (Biotit, Muskowit), Granat, Amphibol und als typische Mineralien Staurolith, Disthen und Andalusit. Verbreitet sind Glimmerschiefer, Zweiglimmer-Gneise, Amphibolite (Amphibol-Plagioklas-Gesteine).

Hochmetamorphe Gesteine enthalten neben Glimmer, Granat, Amphibol, Pyroxen und Plagioklas als typische Mineralien unter anderem Kalifeldspat und Sillimannit.

Es muß ausdrücklich gesagt werden, daß es eine Reihe wichtiger Mineralien gibt, die in Gesteinen aller Metamorphosegrade vorkommen können (wenn auch mit wechselnden Partnern und in unterschiedlicher Zusammensetzung). Es sind «Durchläufer», u. a. Quarz, Kalkspat, Glimmer, Plagioklas und Amphibol. So ist ein reiner Quarzsandstein unter allen Metamorphosebedingungen ein Quarzit (ein Metamorphit aus feinen, gut verzahnten Quarzkörnern); dasselbe gilt für einen reinen, metamorphen Kalk, der immer als Marmor vorliegt.

Der Name eines Metamorphits enthält einen oder mehrere Mineralnamen und — nachgestellt — den Namen einer durch das Gefüge charakterisierten Gruppe metamorpher Gesteine; solche Gruppen sind:

Schiefer: Metamorphite mit einer ausgezeichneten blättrigen Spaltbarkeit (spalten in Stücke von 1 mm bis 1 cm Dicke). Die Spaltbarkeit ist bedingt durch einen hohen Gehalt an Glimmer-

Abb. 29: *Metamorphe Gesteine I*
1 *(ol): Augengneis (Gotthardmassiv, Schweiz)*
2 *(or): Hornblende-Biotit-Schiefer («Garbenschiefer») (Piora, Schweiz)*
3 *(ml): Phyllit (Disentis, Schweiz)*
4 *(mr): Quarzit (Verbier, Schweiz)*
5 *(ul): Granat-Hornblende-Glimmerschiefer (Lukmanierpaß, Schweiz)*
6 *(ur): Disthen-Glimmerschiefer (Alpe Sponda, Tessin, Schweiz)*

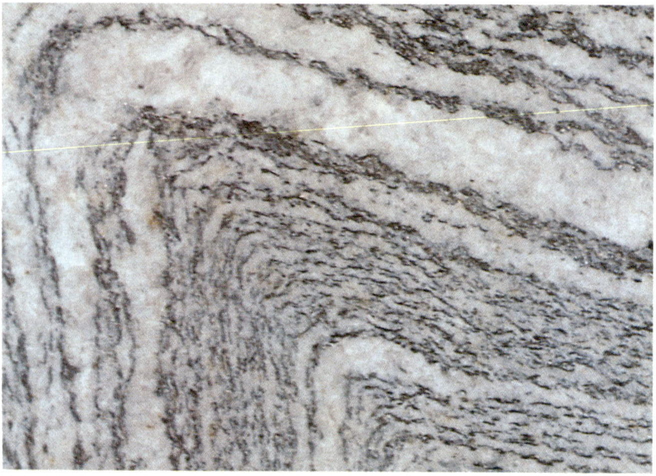

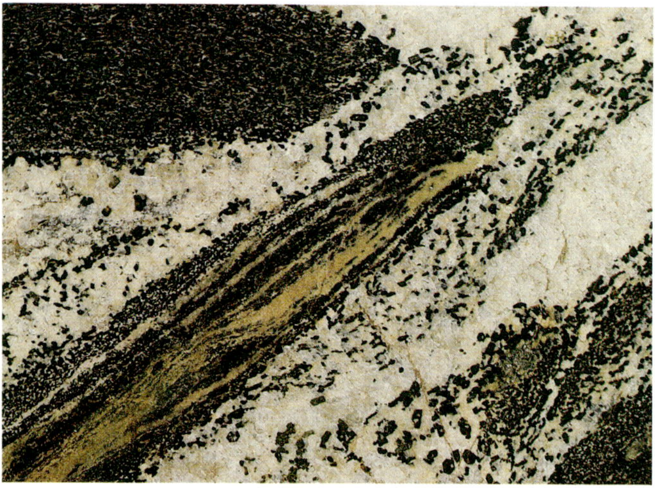

88

mineralien oder Chlorit. Quarz ist reichlich vorhanden, Feldspat meist untergeordnet. Die Mineralien sind mit bloßem Auge oder mit der Lupe sichtbar.

Phyllit: dünnschiefrig-blättrige Gesteine mit einem zusammenhängenden, seidigen Glanz auf den Schieferungsflächen (meist von Serizit herrührend). Die Mineralien sind von bloßen Auge nicht erkennbar. Phyllite sind durchwegs niedrigmetamorphe Gesteine (Abb. 29/3).

Gneis: mittel- bis grobkörnige Metamorphite mit flächigem oder stengeligem Gefüge, die beim Anschlagen mit dem Hammer in Platten oder Stengel von über 1 cm Dicke zerfallen. Gneise haben meist einen beträchtlichen Anteil Feldspat und Quarz (Abb. 30).

Fels: massige, kompakte Metamorphite.

Hornfels: nichtschiefriges, feinkörniges, splittrig brechendes Gestein, welches an den Kanten der Splitter bisweilen wie Horn durchscheint.

Normalerweise präzisiert man den Namen, indem man für ein bestimmtes Gestein die Namen wichtiger Mineralien (die nicht bereits durch den Gruppennamen gegeben sind) voranstellt. Werden mehrere Mineralnamen erwähnt, dann in der Reihenfolge zunehmender Häufigkeit. Beispiele: Glimmer-Schiefer, Sillimannit-Granat-Gneis, Calcit-Phyllit, Amphibol-Fels, Granat-Diopsid-Hornfels.

Einige weitere gebräuchliche Namen von Metamorphiten:

Amphibolit: Gestein aus Amphibol und Plagioklas.

Quarzit: vorwiegend (über 80 Prozent) aus Quarz bestehendes Gestein, meist sehr kompakt und splittrig brechend.

Marmor: überwiegend aus Calcit oder Dolomit bestehendes Gestein. Dolomitmarmore sind oft zuckerkörnig. Der Name «Marmor» wird im Handel oft für alle polierten Gesteine gebraucht (Kalke, Granite, Serpentinit usw.).

Abb. 30: *Metamorphe Gesteine II*
1 *Gebänderter Gneis mit Falte (Sustenpaß, Schweiz).*
2 *Amphibolitmigmatit. Ehemals zusammenhängende Amphibolitlagen sind in einer jüngeren, durch Aufschmelzung entstandenen granitischen Schmelze teilweise aufgelöst worden (Lötschental, Schweiz).*

Serpentinit: grünschwarzes, dichtes Umwandlungsprodukt von Peridotit.
Orthogneise: Sammelbezeichnung für metamorphe magmatische Gesteine.
Paragneise: Sammelbezeichnung für metamorphe Sedimente.

In vielen Gebieten hohen Metamorphosegrades sind die Gneise mit Adern, Schlieren oder größeren, oft unregelmäßig umgrenzten Massen granitischer Zusammensetzung durchsetzt (Abb. 30). Nach ihrem gemischten Aussehen hat man solche Metamorphite «Migmatite» genannt. Die Frage nach der Herkunft und der Entstehung dieser Granitmassen stand jahrzehntelang im Zentrum vieler Diskussionen der Erdwissenschaftler. Auch hier scheint das Experiment eine Lösung geliefert zu haben. Man hat festgestellt, daß bei Temperaturen von etwa 700 °C und Drücken von einigen Kilobar feldspat- und quarzhaltige Gesteine (der Großteil also!) teilweise zu schmelzen beginnen. Unabhängig von der Zusammensetzung des Quarz-Feldspat-haltigen Muttergesteins hat diese Schmelze eine granitische Zusammensetzung. Der Schluß liegt nahe, die Migmatite ebenfalls als das Produkt einer solchen Aufschmelzung zu deuten, um so mehr, als die erwähnten Drücke und Temperaturen bei mittlerer bis starker Metamorphose bereits erreicht werden. Zugleich bietet sich hier eine Erklärung für die ungeheure Verbreitung granitischer Plutonite an. Man vermutet, daß durch tektonische Bewegungen während oder unmittelbar nach der Aufschmelzung die im Gestein verteilte Schmelze ausgepreßt wird, sich zu größeren «Magma»-Massen vereinigt und in einer späteren Phase der Gebirgsbildung aufsteigt und intrudiert. Tatsächlich bestätigt die Beobachtung in vielen Gebirgen (darunter den Alpen) das gemeinsame Auftreten von Metamorphose, Gebirgsbildung, Migmatitbildung und Granitintrusion.

Tektonik und Gebirgsbildung

Die Erde ist ein ruheloser Planet

Viele Landstriche werden immer wieder mit zerstörerischer Gewalt von Erdbeben heimgesucht. Dabei reißen Spalten auf, Quellen brechen hervor oder versiegen, Häuser und ganze Städte werden zerstört. Neben solchen spektakulären geologischen Ereignissen, welche selbst der Sensationspresse (einen Tag lang ...) Schlagzeilen entlocken können, wissen wir um langsame, stetige Bewegungen der Erdkruste, die im Endeffekt nicht weniger bedeutsam sind. Man kennt Großregionen, die sich dauernd absenken, beispielsweise die Nordseeküste Deutschlands und Hollands. Seit einigen Jahren kann man dank genauester Vermessung eine Heraushebung der Zentralalpen um Millimeterbeträge im Jahr belegen. Und jedermann weiß heute um die Wanderung der Kontinente. Es gibt selbst Beweise für Schaukelbewegungen der Erdkruste. Berühmt sind in diesem Zusammenhang die Säulen einer römischen Markthalle in der Hafenstadt Pozzuoli bei Neapel, die in halber Höhe zahllose Löcher von im Meer lebenden Bohrmuscheln aufweisen (Abb. 31, nächste Seite). Nach ihrer Errichtung im Jahr 79 v. Chr. ist die Anlage bis sechs Meter unter den Meeresspiegel abgesenkt worden, dort von den Muscheln angebohrt und anschließend bis auf das heutige Niveau im Hafenareal wieder herausgehoben worden!

Es gibt viele stumme Zeugen für eine ähnliche dynamische Entwicklung der Erde in früheren geologischen Epochen.

— Da finden wir auf hohen Gipfeln der Alpen Kalkstein mit eingeschlossenen Versteinerungen von Meerestieren. Ohne Zweifel hat hier nach der Ablagerung im Meer eine beträchtliche Hebung stattgefunden. Handelt es sich um Gipfel aus Gneis oder Granit, müßten noch sehr viel größere Hebungsbeträge eingesetzt werden.

— Ist gar einer dieser Berge aus einem metamorphen Sedimentgestein aufgebaut (zum Beispiel das aus Quarzit bestehende Illhorn in den Walliser Alpen), so ist, wie bei den Säu-

len von Pozzuoli, Versenkung mit anschließender Hebung anzunehmen. Die Ablagerung des Sandsteins erfolgte im Flachmeer, die Metamorphose in 10 bis 15 Kilometern Tiefe; der Berg liegt heute rund 3000 Meter über Meer.

— Praktisch aus jeder Schichtfolge kann man Senkungen oder Hebungen des Meeresgrundes herauslesen. Werden Deltabildungen wie Konglomerate oder Sandsteine von Kalkstein überlagert, deutet dies auf ein Tieferwerden des Meeres und damit auf eine Absenkung des Meeresbodens hin.

Das Vordringen bzw. Tieferwerden des Meeres (Transgression), wie auch der umgekehrte Fall, das Zurückweichen bzw. Flacherwerden (Regression), ist fast immer auf Senkungen oder Hebungen des Untergrundes zurückzuführen.
Die andere denkbare Ursache, eine Änderung der Wassermenge der Ozeane, ist eigentlich nur im Zusammenhang mit Eiszeiten möglich. Dabei werden beträchtliche Wassermassen als Eis gebunden oder beim Schmelzen der Gletscher wieder frei. Die dadurch bewirkten Schwankungen des Meeresspiegels machen höchstens hundert Meter aus.

— Von eindrücklicher Dynamik zeugen Aufschlüsse, an denen Sedimente (die im Augenblick ihrer Ablagerung sicher mehr oder weniger horizontal lagen) schief gestellt oder verfaltet sind (s. Abb. 39). Liegen dann gar jüngere Schichten horizontal darüber, was man als Diskordanz bezeichnet, so läßt sich eine ganze Geschichte rekonstruieren: Ablagerung der älteren Sedimente — Faltung und teilweise Abtragung — Absenkung — Überdeckung mit jüngeren Ablagerungen.

Abb. 31: *Die Säulen der römischen Markthalle von Pozzuoli bei Neapel (vgl. Text). Im Bereich der dunklen Verfärbung im unteren Drittel der Säulen ist der Marmor von marinen Bohrmuscheln durchlöchert.*

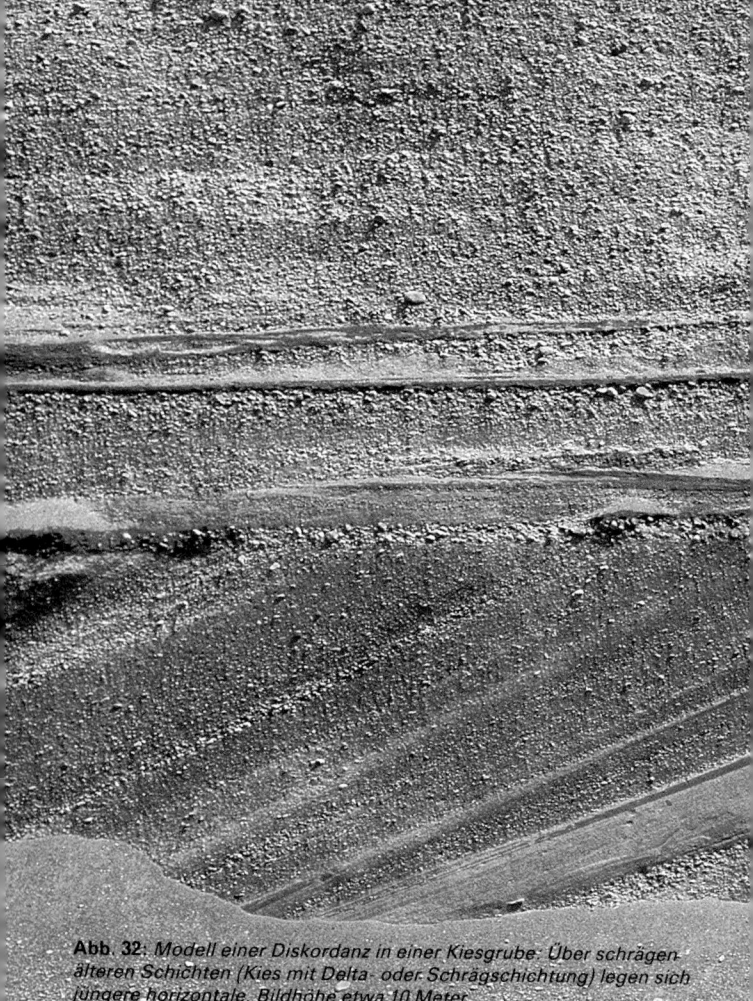

Abb. 32: Modell einer Diskordanz in einer Kiesgrube. Über schrägen älteren Schichten (Kies mit Delta- oder Schrägschichtung) legen sich jüngere horizontale. Bildhöhe etwa 10 Meter

Es besteht kein Zweifel darüber, daß während der ganzen Erdgeschichte dauernd tektonische Bewegungen stattgefunden haben und weiterhin stattfinden. Betrachtet man einzelne Gebiete, so haben offensichtlich Perioden intensiver Aktivität mit solchen relativer Ruhe abgewechselt. Weltweit gesehen handelt es sich dabei wohl kaum um Ruheperioden, sondern um eine Verlagerung der Aktivitäten in andere Bereiche der Erde (vgl. Seite 139 ff.).
Besonders eindrücklich ist die Wirkung tektonischer Kräfte dort, wo Schichten zerbrochen oder verfaltet sind.

Brüche — Risse der Erdkruste
Nicht selten kann man, etwa in Steinbrüchen, beobachten, daß Schichten an glatten Bruchflächen verstellt worden sind. Derartige Brüche oder Verwerfungen gibt es in jeder Größenordnung, mit Versetzungsbeträgen zwischen wenigen Zentimetern und vielen Kilometern. Die Richtung, in der sich die Bewegung vollzogen hat, ist häufig an Gleitrillen auf der Bruchfläche zu erkennen (Rutschharnische).

Verwechseln mit Bruchflächen könnte man auf den ersten Blick die in vielen Gesteinen vorkommenden **KLÜFTE**. Es sind parallele Scharen von glatten Fugen, an denen das Gestein leicht zerbricht oder bei der Verwitterung zerfällt. Im lagigen Gestein verlaufen die Klüfte oftmals senkrecht zur Schichtung oder Schieferung (Abb. 4, S. 24). Klüftung kann verschiedenartige Ursachen haben; es gibt Abkühlungsklüfte in magmatischen Gesteinen und solche, die mit der Verfestigung (Diagenese) von Sedimenten in Zusammenhang stehen. Sehr häufig ist Klüftung die Folge tektonischer Beanspruchung des Gesteins und dann verknüpft mit Schieferung und Faltung. Die auffallenden weißen Adern gewisser Gesteine sind nichts anderes als mit Kalkspat oder Quarz gefüllte, ursprünglich etwas klaffende Klüfte (Bild rechts).

Abb. 33: *Calcitgefüllte Klüfte in Kalksandstein-Bachgeröllen*

In der Abbildung 34 sind einige wichtige Typen von Brüchen schematisch dargestellt. (1) ist eine *Abschiebung:* der eine Block ist gegenüber dem anderen ungefähr in der Fallrichtung abgesunken; (3) ist eine *schräge Abschiebung;* (2) ist eine *Aufschiebung;* bei flacherer Bewegungsbahn spricht man von einer *Überschiebung.* Durch Kombination mehrerer Einzelbrüche entstehen *Bruchtreppen* (6), *Horste* (4) mit einer gehobenen Mittelscholle oder *Gräben* (5) mit abgesenkter Mittelscholle. Bei *Blattverschiebungen* (7) sind zwei Schollen horizontal gegeneinander verschoben.

Die Entstehung von Brüchen ist sehr charakteristisch für Gebiete, in denen die Erdkruste eine Dehnung erfährt. Brüche treten im Normalfall in Scharen als eigentliche Bruchsysteme auf. Dabei ist sehr oft nicht nur ein einziges System paralleler Brüche vorhanden, sondern es gibt mehrere sich kreuzende Systeme; so kann ein kompliziertes Mosaik von Bruchschollen entstehen. Nach dem klassischen Beispiel Mitteldeutschland hat man diese Art Deformation «germanotype Tektonik» genannt. Die Dehnung der Erdkruste erleichtert den Aufstieg magmatischer Schmelzen; daher sind viele tiefgreifende Bruchzonen mit Vulkanismus verknüpft (Rheintalgraben/Vulkanismus des Kaiserstuhls; ostafrikanischer Grabenbruch).

Bruchtektonik ist besonders verbreitet in Gebieten, in denen flachgelagerte Sedimente auf einem Grundgebirgssockel liegen (Tafelländer). Da die Erdöl-und Kohlevorkommen der Erde an solche Tafelländer gebunden sind, kommt der Untersuchung von Brüchen auch ökonomische Bedeutung zu (Abb. 35, S. 100/101).
An Bruch- und Kluftflächen ist der Zusammenhalt der Gesteine gelockert. Verwitterung und Abtragung (vor allem jene durch fließendes Wasser) können hier besonders wirksam angreifen. Es erstaunt daher nicht, daß Bruch- und Kluftsysteme großen Einfluß auf die Formen einer Landschaft haben: Sie bestimmen den Verlauf des Tal- und Flußnetzes, womit auch Verkehrsachsen und Siedlungsräume festgelegt sind.

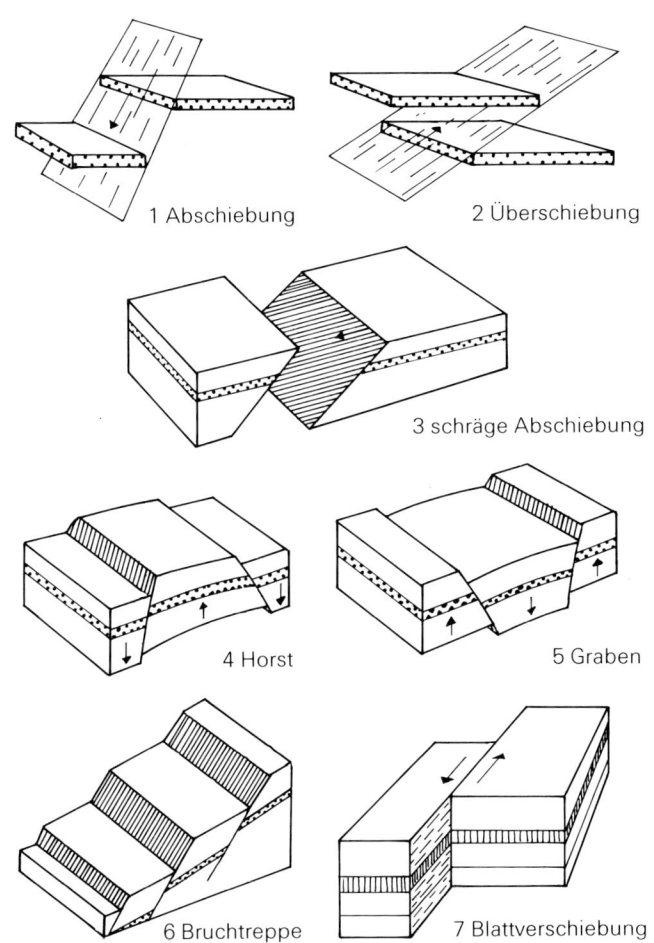

Abb. 34: *Formen der Bruchtektonik*

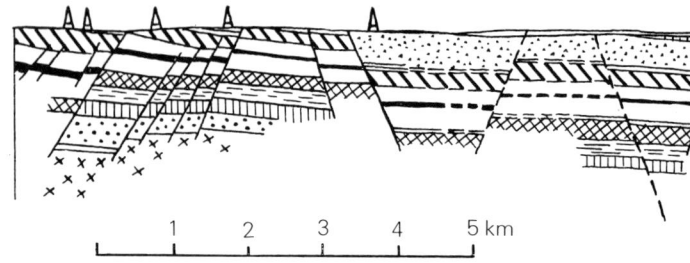

Abb. 35: *Querprofil durch einen Teil des Rheintalgrabens nördlich von Straßburg (Ölfeld Pechelbronn). Obschon durch junge Sedimente völlig verdeckt, sind alle Einzelheiten dieser germanotypen Bruchtektonik durch Ölbohrungen bekannt.*

Falten
Werden Gesteine mit einem lagigen Gefüge, Sedimente, Gneise oder Schiefer, seitlich eingeengt, so entstehen *Falten*. Den Ausdruck verwenden wir auch im Alltag im gleichen Sinne für zerknittertes, «eingeengtes» Material: Wir sprechen von einem Faltenwurf bei Textilien, von Stirnfalten oder von gefaltetem Papier.
Die Formen der einzelnen Falten sind vielfältig, und ihre Größe ist sehr unterschiedlich; vier Beispiele aus der Natur sind auf Seite 104 zusammengestellt.
Über die Benennung der Falten und ihrer Teile gibt das Schema in Abb. 36 Auskunft. *Wellenkämme* sind *Antiklinalen* oder *Sättel, Wellentäler* sind *Synklinalen* oder *Mulden;* die dazwischenliegenden *Flanken* nennt man *Schenkel.* Die Längsachse der Antiklinalen und Synklinalen ist die Faltenachse; sie liegt oftmals mehr oder weniger horizontal. Aufrechte, symmetrische Falten heißen stehende Falten. Bei einseitigem Schub entstehen schiefe (vergente) Falten, die bei zunehmender Einengung immer mehr überkippen und zu liegenden Falten werden; ihr Merkmal ist es, daß dabei ein Teil der Schichten verkehrt zu lie-

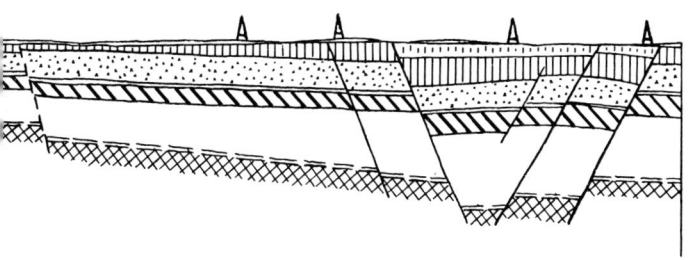

gen kommt (vgl. Abb. 39/3 und 4, übernächste Doppelseite). Aus liegenden Falten können sich Decken entwickeln, indem der untere («der liegende») Schenkel abreißt.

Faltengebirge — Knautschzonen der Erdkruste
Noch mehr als Brüche sind Falten gesellige Gebilde. Faltung erfaßt immer ein größeres, meist langgestrecktes Gebiet, dessen Faltenzüge oder -bündel an der Erdoberfläche als Faltengebirge unterschiedlichster Größe in Erscheinung treten.
Im Verlauf der Erdgeschichte sind immer wieder Gebirge aufgefaltet und auch wieder abgetragen worden. Es leuchtet ein, daß nur die geologisch jüngsten unter ihnen heute noch als Ge-

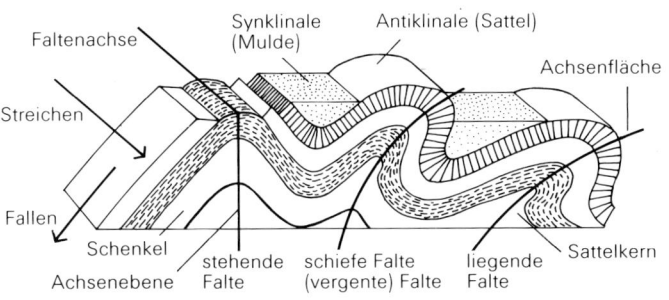

Abb. 36: *Blockbild mit den wichtigsten Elementen der Faltentektonik*

birgszüge oder gar als Hochgebirgsketten erhalten sind. In Europa und im Mittelmeerraum sind dies die «alpidischen» Gebirge, welche in der Kreide- und Tertiärzeit entstanden sind: Alpen, Apennin, Pyrenäen, Karpaten und Atlas (vgl. Abb. 38).
Wie überall auf der Erde sind auch in Europa die älteren Gebirge weitgehend abgetragen worden und treten höchstens als Mittelgebirge in Erscheinung. Beispiele dafür sind:

Die variszischen (hercynischen) Gebirge; sie entstanden zur Karbonzeit vor rund 300 Millionen Jahren. Ihre Überreste bauen Schwarzwald, Vogesen, Rheinisches Schiefergebirge, französisches Zentralmassiv und Ural auf.

Die kaledonischen Gebirge Schottlands, Skandinaviens und Grönlands, gebildet vor 400 bis 450 Millionen Jahren zur Silurzeit.

Dazwischen finden sich, beispielsweise im Raum Südskandinavien und Osteuropa bis zum Ural, große Gebiete kristallinen Sockels, bedeckt mit flachliegenden Sedimentgesteinen. Aus solchen *Schilden,* fast völlig eingeebneten Überresten ältester Gebirge, bestehen die Kernzonen der Kontinente.

Faltengebirge haben sehr unterschiedlichen Tiefgang. Einige stellen nur eine Verrunzelung der obersten, ein bis zwei Kilometer dicken Sedimentschicht über dem kristallinen Grundgebirge dar. Ein Beispiel ist das Juragebirge der Nordschweiz südlich von Schwarzwald, Rheintalgraben und Vogesen (Abb. 40).

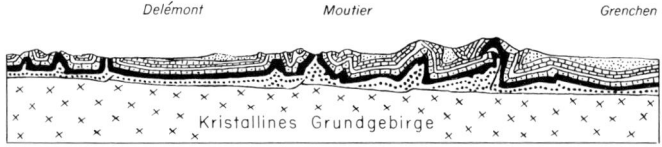

Abb. 37: *Der Schweizer Faltenjura: Sedimentfalten, zusammengeschoben über dem praktisch unbeteiligten kristallinen Grundgebirge*

In anderen Faltengebirgen ist auch der kristalline Untergrund der kontinentalen Kruste in die Faltung einbezogen worden.

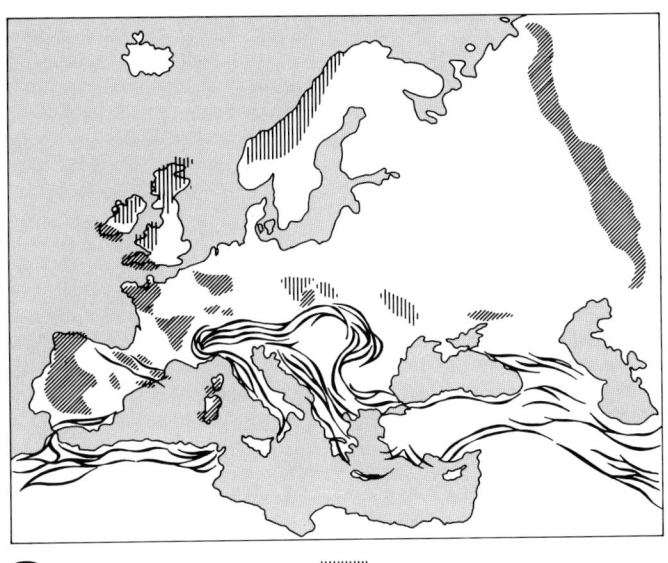

≈ alpidische Faltung ||||||||| kaledonische Faltung
▨▨▨ variszische oder hercynische Faltung

Abb. 38: *Tektonische Karte Europas mit den Teilgebieten, die von der alpidischen, der variszischen oder hercynischen und von der kaledonischen Gebirgsbildung erfaßt worden sind. Nur die alpidischen Gebirge (Pyrenäen, Alpen, Karpaten, Kaukasus und Atlas) als jüngste Bildungen treten noch als langgestreckte Faltenbündel und als Hochgebirge hervor.*

Die großen Faltengebirge der Erde schließlich sind überaus kompliziert aufgebaute Gebilde mit einer mächtigen, verdickten Erdkruste im Untergrund, die tief in den oberen Erdmantel eintaucht (vgl. Abb. 7 auf S. 28). Ihre Entstehung ist ein langer, viele Dutzende von Millionen Jahren dauernder Prozeß, an dem die unterschiedlichsten geologischen Vorgänge beteiligt sind:

Dehnung und Bruchtektonik; Absenkung und Ausbildung von Meeresbecken; Sedimentation; Einengung mit Falten- und Deckentektonik; Versenkung von Gesteinen mit Metamorphose und Aufschmelzung, Magmenbildung und Magmenaufstieg, kurz: sozusagen alle Vorgänge, die im geologischen Kreislauf von Bedeutung sind (s. S. 21).

Diese kurze Darstellung der Architektur und der Dynamik der Erde läßt zum Schluß zahlreiche Fragen offen. Welche Ursachen hat eigentlich das tektonische Geschehen auf der Erde? Welche Bedeutung hat die heute viel zitierte Wanderung der Kontinente? Gibt es Erklärungen für die Verteilung von Ozeanen und Kontinenten, für die Lage und die Form der Faltengebirge und für das Nebeneinander von Bruch- und Faltentektonik?

In den letzten Jahrzehnten ist eine moderne Theorie der weltweiten, «globalen» Tektonik erarbeitet worden, die insbesondere viele Fragen nach den Zusammenhängen erstmals befriedigend zu beantworten vermag. Wir stellen das Konzept der sogenannten Plattentektonik auf S. 139 ff. vor.

Abb. 39: *Falten*
1 *(ol): Falten im Zentimeterbereich: Wechsellagerung Dolomit (gelb)/Tonschiefer (bräunlich). Tödi, Schweiz*
2 *(or): Falte im Dezimeterbereich: gebänderter Kalkstein (Val d'Hérens, Schweiz)*
3 *(ul): Kalkstein mit Falten im Zehnmeterbereich (Brienz, Schweiz)*
4 *(ur): Im Hundertmeterbereich verfaltete Kalkstein-Schiefer-Schichten (Wildhorndecke, Oldental, Schweiz)*

Folgende Seite
Abb. 40: *Das Satellitenbild des Dreiländerecks Deutschland-Frankreich-Schweiz läßt unterschiedliche tektonische Baueinheiten erkennen. Variszische Mittelgebirge: Vogesen (links oben) und Schwarzwald (rechts oben), dazwischen der Nord-Süd verlaufende Rheintalgraben; von links unten gegen die Bildmitte rechts verlaufen die Faltenbündel des jungen Juragebirges. Ganz rechts unten der Nordwestrand der Alpen (Berner und Freiburger Alpen). (Foto aus: Holger Heuseler, «Deutschland aus dem All», mit freundlicher Genehmigung der Deutschen Verlags-Anstalt GmbH, Stuttgart.)*

Die Altersbestimmung in der Geologie

Die Geologie ist in ihrem Grundwesen eine historisch orientierte Wissenschaft; sie ist Erdgeschichte im weitesten Sinne. Bei der Lösung der meisten Probleme wissenschaftlicher und praktisch-ökonomischer Art ist die Kenntnis der Abfolge geologischer Vorgänge (wie Sedimentation, Erosion, Intrusion, Faltung, Bruchbildung, Vererzung, Metamorphose usw.) von großer Bedeutung. Dem «Geohistoriker» stehen (ähnlich wie dem Prähistoriker) keine schriftlichen Überlieferungen zur Verfügung. Seine Urkunden sind die Gesteine und ihre Verbandsverhältnisse. Wir gliedern unsere Betrachtungen in zwei Abschnitte. Bei der *«relativen Altersbestimmung»* geht es darum, die Reihenfolge geologischer Ereignisse festzulegen. *«Absolute Altersbestimmungen»* erlauben es, Zeitmarken und «Jahrzahlen» zu setzen.

Relative Altersbestimmung
Fast in jedem Aufschluß (so nennt der Geologe Stellen, an denen der Fels zutage tritt) läßt sich eine *Altersabfolge* der geologischen Ereignisse erkennen, die an der Formung dieses begrenzten Stücks Erdoberfläche beteiligt gewesen sind. Wie erkennt man solche Altersabfolgen?
In einem ungestörten Schichtpaket von Sedimenten ist die untere («liegende») Schicht älter als die obere («hangende»). Vor allem in Gebieten mit starker Faltung ist die Frage, ob eine Schichtfolge normal oder verkehrt liegt, nicht immer leicht zu beantworten. Hier gibt es einige Hilfsmittel:

– Klastische Sedimente weisen recht oft eine «gradierte Schichtung» (graded bedding) auf: Innerhalb eines Schichtpakets nimmt (im Zentimeter- oder Dezimeterbereich) die Korngröße von unten gegen oben stark ab. Über einem groben Konglomerat folgen beispielsweise Sandsteine und Tone oder Tonschiefer. Das nächsthöhere Schichtpaket setzt wiederum mit groben Konglomeraten ein.
– Bei Sedimenten mit Kreuzschichtung laufen die gebogenen Schichtflächen auf der Unterseite flach aus, während sie auf

der Oberseite oft unter fast rechtem Winkel abgeschnitten werden.

Der Sedimentologe kennt noch eine ganze Anzahl weiterer derartiger «Oben-unten-Kriterien».

Das relative Alter von Plutoniten und Vulkaniten kann im allgemeinen gut bestimmt werden: Sie durchsetzen ja immer bestehende Gesteine, deren Bildung eben vor diesem Eindringen erfolgt sein muß. Immerhin müssen Lavaschichten mit Vorsicht beurteilt werden. Sie liegen gerne mehr oder weniger parallel zu Sedimentschichten, was auf drei Arten zustande kommen kann:

1. Der Lavastrom ist an der Erdoberfläche (subaerisch) ausgeflossen. In diesem Fall ist nur an seiner Unterfläche eine Kontaktmetamorphose zu erwarten. Zudem wird sein oberer Teil oft blasig ausgebildet sein.

2. Die Lava ist unter dem Vulkan (subvulkanisch) in Schichtfugen eingedrungen. Hier wäre allseitig eine Kontaktmetamorphose zu erwarten. Die liegende *und* die hängende Schicht sind älter als die Lavaschicht.

3. Die Lavaschicht ist auf dem Meeresgrund ausgeflossen, sie überdeckt ältere Sedimente und wird ihrerseits später von jüngeren überlagert. Sie ordnet sich also wie eine Sedimentlage in die Schichtfolge ein. Dieser sehr verbreitete Fall ist wichtig für die radiometrische Altersbestimmung.

Schließlich können auch tektonische Ereignisse altersmäßig eingeordnet werden. Eine Faltung ist sicher jünger als die Gesteine, die verfaltet werden. Brüche und Schieferungen sind jünger als Gesteine, die von ihnen erfaßt werden.

Diskordanzen sind klare Zeitmarken. Die Gesteine unter der Diskordanzfläche waren zuerst da, sie wurden dann teilweise abgetragen und später von jüngeren Sedimenten überdeckt (Abb. 32, S. 94/95).

Ein Gestein ist sicher älter als das Sediment, in dem es sich als Abtragungsschutt findet.

Am bedeutsamsten für die Praxis ist die erste Feststellung: In einer ungestörten Sedimentfolge ist die untere Schicht älter als die obere. Setzt man in einem Gebiet mit flachgelagerten Sedimenten eine Tiefbohrung an, so kann man anhand der Bohrkerne die Sedimente langer Zeiträume in ihrer altersmäßigen Abfolge studieren. Zeichnet man die Schichtfolge graphisch auf, so erhält man ein *lithostratigraphisches Profil* (Abb. 41). *Stratigraphie* nennt man allgemein die altersmäßige Abfolge von Sedimenten, bezeichnet aber damit auch diejenige Teildisziplin der Erdwissenschaften, die sich mit dem Studium der Sedimentfolgen befaßt.

Ein lithostratigraphisches Profil gibt Auskunft über die Altersabfolge der verschiedenen Sedimente in einer Bohrung. Oft werden jedoch, beim Erbohren eines Öl- oder Kohlenfeldes

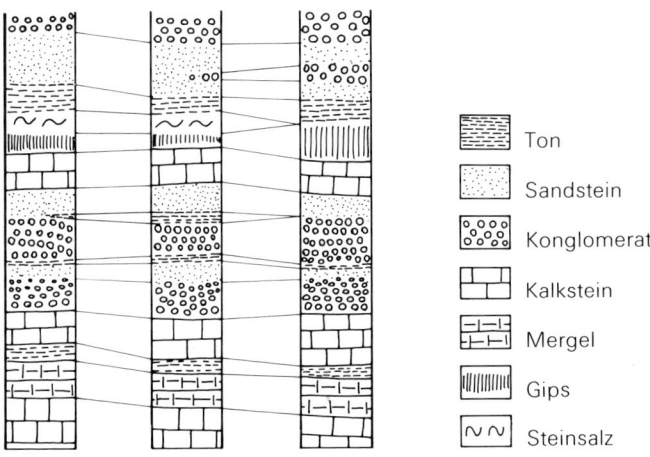

Abb. 41: *Korrelation der lithologischen Profile dreier benachbarter Bohrungen*

Folgende Doppelseite
Abb. 42: *Verkieselte, 185 Millionen Jahre alte Baumstämme im Petrified-Forest-Nationalpark (Arizona, USA)*

etwa, in der Umgebung der ersten Bohrung weitere Bohrungen angesetzt. Der Vergleich der lithostratigraphischen Profile ergibt häufig eine große Ähnlichkeit. Das ist zunächst nicht weiter erstaunlich, beobachten wir doch an der Oberfläche auch, daß sich bestimmte Schichten weithin verfolgen lassen. Wir können die Profile zusammenhängen; das nennt man korrelieren. Ein schematisches Beispiel ist in Abb. 41 dargestellt. Die Korrelation benachbarter Bohrungen ist überall dort von größter Bedeutung, wo es gilt, eine bestimmte Schicht, eine öl-, wasser-, kohlen- oder salzhaltige zum Beispiel, zu verfolgen. Bei derart ähnlichen Profilen geht man kaum fehl, wenn man einer bestimmten Schicht, die immer an gleicher Stelle im Profil auftritt, auch immer dasselbe Alter zuschreibt. Diese Annahme, gleiches Gestein = gleiches Alter, ist nur dort zulässig, wo ein dichtes Netz von Profilen in einem begrenzten Raum (einem einheitlichen, alten Sedimentbecken nämlich) vorliegt. Verläßt man diesen Raum, geht man vielleicht sogar auf einen anderen Kontinent, so *muß* diese einfache Art von lithostratigraphischer Korrelation versagen. Wir haben gesehen, daß in einer bestimmten Epoche ganz unterschiedliche Sedimente gebildet werden (Abb. 16, S. 52/53). Wie kann man denn weiträumig korrelieren? Hier hilft uns die **Paläontologie** weiter, diejenige Sparte der Erdwissenschaften, die sich mit den Lebewesen der Vergangenheit beschäftigt.
Viele Sedimente, vor allem feinkörnige kalkige, mergelige und tonige, enthalten Überreste der Pflanzen- und Tierwelt ihrer Bildungsepoche.

Man muß sich hier über zwei Tatsachen im klaren sein:
1. Die Versteinerungen einer bestimmten Schicht stellen nur einen winzigen Bruchteil der zur Zeit der Ablagerung dort lebenden Organismen dar. Der Großteil aller Lebewesen wird nach dem Absterben durch Verwesung der Weichteile und durch mechanische Zerkleinerung oder Auflösung der Hartteile völlig zerstört.
2. Die Wahrscheinlichkeit einer Erhaltung als Fossil ist zwar für alle Organismen gering, dabei aber sehr unterschiedlich. Im Gestein erhalten bleiben praktisch nur Hartteile wie Schalen,

Knochen und Zähne. Das erklärt die Häufigkeit von Muscheln, Schnecken, Ammoniten, Belemniten und Säugern unter den Versteinerungen. Lebewesen, die nur aus Weichteilen bestehen, haben kaum eine Chance. Der Fossilinhalt einer Schicht stellt also eine Selektion dar und entspricht keineswegs der ursprünglichen Lebensgemeinschaft.

Marine Lebewesen werden ziemlich rasch in frische Sedimente eingebettet, während die Kadaver von Landbewohnern verwesen; nur in trockenem Klima bleiben dann Knochen und Zähne konserviert. Festlandpflanzen haben in Sümpfen (späteren Kohlenlagern) die größten Konservierungschancen.

Der Paläontologe ist vor allem interessiert an *häufigen* Fossilien, die eine möglichst *weltweite Verbreitung* hatten und daher in sehr vielen Sedimenten einer Epoche zu finden sind. Nur schwimmende Meertiere können diese Bedingungen erfüllen. Von besonderer Bedeutung sind Formen, die sich (immer erdgeschichtlich gesehen) rasch verändert und weiterentwickelt haben. Als Musterbeispiel einer solchen *Leitfossil*-Gruppe müßte man hier wohl die Ammoniten erwähnen, die dank ihrer weiten Verbreitung und den rasch wechselnden, enorm vielfältigen Schalenmerkmalen im Verlauf von über 300 Millionen Jahren (Devon bis Kreide) Leitformen gestellt haben. Sie und einige weitere wichtige Leitfossilgruppen sind in der nachfolgenden Tabelle aufgeführt. Davon sind die Ammoniten, Trilobiten, Graptolithen und Belemniten ausgestorben. Als extremes Beispiel eines denkbar ungeeigneten Leitfossils wäre die Brachiopodengattung Lingula zu erwähnen, die man in ordovizischen Schichten findet und die auch heute in unveränderter Form vorkommt — das bedeutet über 400 Millionen Jahre Existenz!

Immer größere Bedeutung erlangen heute *Klein-* oder *Mikrofossilien;* das sind Versteinerungen, die ihrer geringen Größe wegen unter dem Binokular oder dem Mikroskop untersucht werden müssen. Sie sind in vielen Sedimenten in großer Zahl und in gutem Zustand erhalten. Besonders wichtig sind die Mikrofossilien in der Erdölindustrie. Bei den meisten Erdöltiefbohrungen wird das durchbohrte Gestein aus der Tiefe als Schlamm mit kleinen Gesteinsbrocken heraufgepumpt. Dieses

Verfahren überstehen nur Kleinfossilien. Wichtige Mikrofossilien sind die Foraminiferen (z. B. Globigerina) und die Ostrakoden; auch Pollen und Sporen, mit deren Hilfe man ganz junge Bodenschichten datiert, gehören dazu.

Ordnet man alle bekannten Fossilien nach ihrem Alter, so erhält man einen (wenn auch lückenhaften) Überblick über die Lebewesen der letzten 700 Millionen Jahre. Dieser Zeitraum ist gekennzeichnet durch eine ständige Entwicklung vom Primitiven zum Hochorganisierten: Auf die Wirbellosen folgen die Wirbeltiere in der Reihenfolge der Klassen Fische, Amphibien, Reptilien und Vögel, Säuger, Mensch. Die jüngsten Schichten ergeben einen Fossilinhalt, der den Lebensgemeinschaften der Gegenwart am nächsten kommt. Von größter Bedeutung war die Entdeckung von Entwicklungsreihen, etwa die Übergänge von den Quastenflossern (Fischen) zu den Amphibien und von den Reptilien zu den Vögeln. Der «Urvogel» Archaeopteryx hat neben typischen Reptilieneigenschaften bereits Flügel und Federn!

Alles in allem bestätigen diese Fakten in hervorragender Weise die Richtigkeit der Abstammungslehre oder Evolutionslehre, die besagt, daß sich alle heute lebenden Organismen, der Mensch inbegriffen, aus andersartigen, primitiveren Vorfahren entwickelt haben.

Sie wurde 1859 von Charles Darwin als Hypothese aufgestellt. Er stützte sich dabei in vielem auf das Gedankengut von Zeitgenossen.

Die Auswertung des riesigen Fossilfundmaterials erlaubte die Aufstellung eines *biostratigraphischen Systems,* einer weltweiten Altersgliederung von Schichtreihen nach ihrem Leitfossilinhalt. Dadurch war die Möglichkeit gegeben, auch weiträumig lithostratigraphische Profile zu korrelieren.

Abb. 43: *Beispiele wichtiger Fossilgruppen*
1 *(ol):* Schnecken   **2** *(or):* Muscheln
3 *(ml):* Graptolithen   **4** *(mr):* Belemniten
5 *(ul):* Brachiopoden   **6** *(ur):* Ammonit

Das Resultat ist ein *chronostratigraphisches System,* das für die ganze Erde gilt und in dem Schichten gleichen Alters zusammengefaßt und mit einheitlichen Namen belegt werden. Ein Ausschnitt aus dieser «Formationstabelle» ist in der nachfolgenden Tabelle zusammengestellt. Man lasse sich nicht zu sehr von all den Namen beeindrucken, die sich von geographischen Begriffen oder von bestimmten Gesteinen ableiten.

> Einige Beispiele:
> **Kambrium** (alte Bezeichnung für Wales)
> **Ordovizium** (Stamm der Ordovizier in Wales)
> **Silur** (Stamm der Silurer in Südwales)
> **Gotlandium** (Ostseegebiet)
> **Devon** (Devonshire)
> **Karbon** (Steinkohlenzeit)
> **Perm** (Landschaft im Ural)
> **Trias** (auffällig dreigeteilte Epoche)
> **Jura** (süddeutscher Jura)
> **Kreide** (wichtiges Sediment dieser Epoche)
> **Tertiär und Quartär** (übernommen von einer heute längst aufgegebenen Vierteilung der Erdgeschichte)

Es erleichtert den Umgang mit geologischer Literatur sehr, wenn man sich ein Grundgerüst chronostratigraphischer Einheiten merkt.
Für die Beschreibung regionaler oder lokaler Schichtfolgen benötigt man feinere Unterteilungen. So basieren geologische Detailkarten häufig auf der *Stufe;* das ist die nächstfeinere Unterteilung nach der Serie. Die Bezeichnungen «Kimmeridgien» und «Oxfordien» der Karte auf S. 128 sind Stufennamen des Malms. Name und Altersabfolge der Stufen sind meist auf den Kartenblättern in Form einer Legende aufgedruckt.
Für den Zeitraum der Erdgeschichte, aus dem wir über genügend gut erhaltene Fossilien verfügen, vom Kambrium bis zur Gegenwart, existiert also ein fein abgestuftes, weltweit gültiges Bezugssystem der Altersabfolge von Sedimenten. Mit Hilfe die-

ser Chronostratigraphie lassen sich viele geologische Ereignisse wie Faltung, Gebirgsbildung, Metamorphose und Vulkanismus zeitlich einordnen. Der sich über drei Milliarden Jahre erstreckende Zeitraum von der Bildung der festen Erdkruste bis zum Beginn des Kambriums konnte bis vor kurzem zeitlich nicht gegliedert werden. Reste primitiver Organismen sind zwar in Gesteinen des «Präkambriums» gefunden worden, aber nur sporadisch und schlecht erhalten. Zudem sind viele dieser alten Gesteine metamorph umgewandelt worden. Hier hat die radiometrische («absolute») Altersbestimmung in den letzten dreißig Jahren völlig neue Möglichkeiten eröffnet.

Absolute Altersbestimmungen
Seit jeher hat man sich natürlich auch die Frage nach dem absoluten Alter der Ablagerungen gestellt, und es fehlte nicht an Versuchen, eine absolute Chronologie aufzustellen.
So ist es zum Beispiel gelungen, für Schweden und Finnland anhand der Untersuchung von gebänderten Glazialtonen (sogenannten *Varventonen*) für die letzten 15 000 Jahre eine solche absolute Altersabfolge aufzustellen. Diese feinen Sedimente, die im Vorland von Gletschern abgelagert werden, zeigen jährliche Farbschwankungen und lassen sich zudem über große Distanzen korrelieren. Eine weitere naheliegende Möglichkeit bietet die *Dendrochronologie*. Die Jahrringe der Bäume spiegeln in charakteristischer Weise die Schwankungen des Klimas, die «guten» und die «schlechten» Jahre wider. Die Grannenkiefer Kaliforniens erreicht ein Alter von über 4000 Jahren. Es läßt sich eine typische Abfolge der Jahresringe aufstellen, die mit Hilfe abgestorbener Bäume auf die letzten 7000 Jahre ausgedehnt werden kann. Häufig gelingt es, ein Holzstück unbekannten Alters (etwa einen prähistorischen Fund) durch Vergleich der Jahresringfolgen einzuordnen und zu datieren. Bei der Erforschung der vorkolumbanischen Kulturen des Südwestens der USA hat diese Methode eine große Rolle gespielt.
Ungleich wichtiger sind aber in den letzten Jahren *radiometrische Altersbestimmungen* geworden, Datierungen, die auf der Messung des Zerfalls radioaktiver Isotope in Gesteinen beruhen. Eine radioaktive Substanz zerfällt unabhängig von allen

Aerathem (Zeitalter)	System	Serie	Alter in Mio Jahren	Geologische Verhältnisse in Mitteleuropa
KÄNOZOIKUM	Quartär	Holozän (Gegenwart)		Festland mit Binnenseen
		Pleistozän		Vereisung Nordeuropas/Englands/Norddeutschlands und des Alpenraums mit Zwischeneiszeiten. Moränen, Schotter, Kies, Löß.
			1,5	
	Tertiär	Pliozän	7	Wechselnde Meeresbecken und -arme neben Festlandgebieten. Auffaltung der Alpen. Vorwiegend klastisch, Sande, Tone. Braunkohle. Molasse- und Flyschsedimente im Bereich der Alpen. Vulkanismus.
		Miozän	26	
		Oligozän	38	
		Eozän	65	
MESOZOIKUM	Kreide			Meeressedimentation von Kalk und Mergel im Raum Südwestdeutschland/ostschweiz. Beginn der alpinen Gebirgsbil...
			136	
	Jura	Malm	154	Größte Meeresausdehnung in der Geschichte Mitteleuropas. Kalke, Mergel und Tone. Korallenriffe. Oolithische Eisen... Lothringens. Solnhofener Plattenkalke.
		Dogger	175	
		Lias	195	
	Trias	Keuper	Rhät	Zweiteilung Europas durch die vindelicisch... Festlandsschwelle im Bereich der heutigen Nordwestlich davon: dreigeteilte germanis... Trias. Festland mit einigen Überflutungen. Sandstein, Kalke, Gips, Mergel. Südöstlich davon: Ausbildung der Tethys (Urmittelmeer... alpine Geosynklinale). Kalke, Dolomit, Kora... und Kalkalgenriffe. Fünfteilung der Trias.
			Nor	
			Karn	
		Muschelkalk	Ladin	
			Anis	
		Buntsandstein	Skyth	
			225	
PALÄOZOIKUM	Perm	Zechstein		Mehrere Überflutungen, zum Teil rasch wie... eindampfende Buchten und Becken. Kalk, Dolomit, Gips, Steinsalz- und Kalisalz... lager. Vorwiegend Festland. Kontinentalse... mente, vielfach rot gefärbt: Konglomerate, ...steine, Ton. Vulkanismus (Porphyre).
		Rotliegendes		
			280	
	Karbon			Mitteleuropa wird Festland; variszische (he... sche) Gebirgsbildung prägt Kristallin von V... sen, Schwarzwald, Odenwald, Böhmischer... Masse und alpinen Zentralmassiven. Klasti... Sedimente, z. T. Kalke. Kohlelager (bei Aa... Ruhrgebiet, Saarland, Niederschlesien).
			345	
	Devon			Meer, Osteuropa teilweise Festland. Variszische Geosynklinale. Schiefer, Kalke, Quarzite.
			395	
	Gothland (Silur s. str.)			Meer. Schiefer, Kalke. Kaledonische Gebirgsbildung und Metamorphose in Schottland/Norwegen/Lappland/Grönland
			435	
	Ordoviz			Meer. Tonschiefer, Sandstein/Quarzit, Kalk
			500	
	Kambrium		570	Teils Festland, teils Meer. Tonschiefer, Kalke, Sandsteine/Quarzite.

na	Entwicklung von Fauna und Flora	Wichtige Leitfossilgruppen Dicker Strich: Zeitdauer der Verwendungsmöglichkeit als Leitfossilien. +: Zeitpunkt des Aussterbens.
Bigt-ental nd Regen- mit wärme- vischen- en	Auftreten und Aufstieg des Menschen. Aussterben vieler großer Säugetiere.	Mensch
mild, Bigt	Rasche Entfaltung der Säuger und Vögel.	
feucht	Aussterben der Ammoniten und Saurier. Höhere Blütenpflanzen.	Säugetiere
glichen, isch	Erste Knochenfische	
trocken	Erste Säugetiere. Nadelhölzer.	
trocken, nklima albkugel de: ung!)	Entfaltung der Saurier.	Belemniten, Muscheln, Schnecken
feucht	Steinkohlenflora, Bärlappgewächse, Farngewächse. Erste Insekten.	
zum Teil h	Erste Amphibien. Panzerfische. Einfache, blütenlose Pflanzen.	Trilobiten, Graptolithen, Brachiopoden, Ammoniten
feucht	Pionierzeit der Besiedlung des Festlandes.	
mild, glichen	Erste Fische.	
gemäßigt	Sprungartige Entwicklung des Lebens	

äußeren Einflüssen gesetzmäßig unter Aussendung von Teilchen (α- und β-Strahlung) und energiereicher Strahlung (γ-Strahlen) in stabile, d. h. nichtradioaktive Isotope. Der Zerfall erfolgt exponential: Nach einer bestimmten Zeitspanne (der Halbwertszeit) ist nur noch die Hälfte vorhanden, nach der doppelten noch 25 Prozent usw. Die Halbwertszeiten sind für die verschiedenen radioaktiven Isotope sehr unterschiedlich, für ein gegebenes Isotop jedoch konstant.

Die wichtigsten für die Altersbestimmung verwendeten radioaktiven Isotope:

Mutterisotop	Tochterisotop	Halbwertszeit
U 238	→ Pb 206	$4{,}51 \times 10^9$ Jahre
U 235	→ Pb 207	$7{,}13 \times 10^8$
Th 232	→ Pb 208	$1{,}39 \times 10^{10}$
K 40	→ Ar 40	$1{,}24 \times 10^{10}$
Rb 87	→ Sr 87	$4{,}7 \ \times 10^{10}$
C 14	→ N 14	$5{,}57 \times 10^3$

Mit Ausnahme des C 14 haben alle erwähnten Isotope Halbwertszeiten der Größenordnung 1 bis 50 Milliarden Jahre. Das ist auch der Grund, weshalb sie, deren Zerfall doch seit der Bildung der Elemente unaufhaltsam vor sich geht, überhaupt noch existieren. Man muß annehmen, daß sehr viele kurzlebigere Isotope im Verlauf der Erdgeschichte verschwunden sind. Das C 14 ist ein Sonderfall, auf den wir später zurückkommen werden.

Fast alle Gesteine und Mineralien enthalten geringe Mengen radioaktiver Substanzen. Eine Altersbestimmung erfolgt meist an einer Mineralsorte, die man (mit einigem apparativem Aufwand) möglichst rein aus dem Gestein heraustrennt (Glimmer, Zirkon, Feldspäte, Amphibol); seltener wird das gesamte Gestein untersucht. Darauf wird der Gehalt an Mutter- und Tochterisotop mit Spezialgeräten[1] gemessen. Die Halbwertszeit ist bekannt. Mit Hilfe der «Zerfallsgleichung» erhält man das Alter der Mineral- oder Gesteinsprobe (s. Kasten).

Die radiometrische Zerfallsgleichung

$$T = \frac{ln\left(1 + \frac{\text{Tochter}}{\text{Mutter}}\right)}{\lambda}$$

λ = Zerfallskonstante des Mutterisotops

$$\lambda = \frac{ln\,2}{\text{Halbwertszeit}}$$

T = Alter in Jahren

ln = natürlicher Logarithmus

Ein konkretes Rechenbeispiel:
Das Alter eines Hellglimmers (Muskowit) wurde mit Rb-Sr bestimmt. Der Gehalt der Probe an Rb 87 (Mutterisotop) betrug 271 ppm (parts per million; Gramm je Tonne); beim Zerfall ist 0,11 ppm Sr 87 entstanden. Zerfallskonstante des Rb 87: $1,47 \times 10^{-11}$ Jahre^{-1}. Eingesetzt in die Gleichung ergibt sich ein Alter von $27,8 \times 10^6$ Jahren (27,8 Millionen Jahren).

$$T = \frac{0,0004095}{1,47 \times 10^{-11}} = 27\,800\,000 \text{ Jahre} = 27,8 \times 10^6 \text{Jahre}$$

Der an einem Mineral ermittelte Alterswert darf nun nicht einfach dem Alter des Gesteins gleichgesetzt werden! Wenn man annimmt, daß das Kristallgitter eines Minerals ein «geschlossenes Systems» ist, aus dem keine Teilchen (auch nicht Gasatome wie die des Edelgases Ar 40) entweichen können, dann hat man die Bildung dieses dichten Gitters datiert. Mineralien können zum Beispiel aus einer Gesteinsschmelze auskristallisieren. Auch in der Schmelze zerfallen radioaktive Isotope.

---

[1] Mit einem Massenspektrometer läßt sich der Gehalt einer Probe an Teilchen mit einer bestimmten Masse feststellen. Es wird ausgenützt, daß die Ablenkung beschleunigter geladener Teilchen in einem Magnetfeld von der Masse der Teilchen abhängig ist. Man kann also an einer (chemisch reinen!) Bleiprobe den Gehalt an Pb 207, Pb 208, Pb 206, Pb 204) usw. bestimmen.

Beim Erstarren werden sie in Kristallgitter mit passenden Lükken eingebaut: Uran zum Beispiel in Zirkon, Rubidium in Glimmer, Kalium in Mineralien wie Feldspäte und Glimmer. Bei höheren Temperaturen sind Kristallgitter noch durchlässig, d. h. sie tauschen ständig Teilchen (zum Beispiel eben Zerfallsprodukte) mit ihrer Umgebung aus. Erst unterhalb einer bestimmten, mineralspezifischen Temperatur wird das Gitter dicht, das System geschlossen; beim Biotit beträgt sie etwa 350 °C, beim Muskowit rund 500 °C. Bei Mineralien aus Plutoniten und Vulkaniten datieren wir also ein «Abkühlalter»; es wird im Normalfall nicht sehr verschieden vom Zeitpunkt des Ausfließens oder Eindringens des Gesteins sein. Vulkanite kühlen ja sehr rasch ab, und die Abkühldauer der Plutonite, die immerhin eine Million Jahre erreichen kann, liegt meist innerhalb der Fehlergrenze der Bestimmung.

Man sieht ohne weiteres ein, daß Altersbestimmungen an Sedimenten nicht einfach sind. Alle klastischen Sedimente wie Konglomerate, Sandsteine und Tone bestehen ja aus Bruchstücken älterer Gesteine. Aber auch die bei der Sedimentation neugebildeten Mineralien (Calcit, Tonmineralien) sind für Bestimmungen wenig geeignet. Sie enthalten entweder wenig radioaktive Isotope (Calcit) oder werden bei der Diagenese verändert (Tonmineralien). Eine gewisse Bedeutung haben Altersbestimmungen an Glaukonit, einem chloritähnlichen, im Flachmeer gebildeten Mineral, erlangt. So betrug das Alter von drei Glaukonitproben aus dem Oxford des Schweizer Juras übereinstimmend 145 Millionen Jahre, während zwei Proben aus dem darüberliegenden Kimmeridge 134 bzw. 137 Millionen Jahre ergaben.

Mit besonderer Vorsicht müssen die Altersalter metamorpher Gesteine interpretiert werden. Hier sind ja ältere Gesteine mehr oder weniger verändert (meist aufgeheizt) worden. Die Gefahr des «Erbens», vormetamorpher Mineralien und Alter ist groß. Ein metamorpher Vorgang beeinflußt ältere Mineralien nur, wenn sie über die Temperatur aufgeheizt werden, bei der sie zum offenen System werden. Überall, wo die mit der alpinen Gebirgsbildung verknüpfte Metamorphose 350 °C überschritten hat, findet man heute Biotitalter von 10 bis 30 Millionen Jahren, auch wenn die Gesteine, etwa der Zentrale Aaregranit, mit Sicherheit mehrere hundert Millionen Jahre alt sind. Hat im selben Gestein die Temperatur 500 °C nicht überschritten, so ist der Muskowit nicht «verjüngt» und zeigt voralpine Alter. Besonders resistent ist der Zirkon: Im Zentralen Aaregranit ergibt er das Intrusionsalter von etwa 280 Millionen Jahren. Die höchsten Alter in den Alpen hat man mit 1500 Millionen Jahren an Zirkonen eines Paragneises ermittelt. Diese Relikte präkambrischer Gebirge haben nicht nur Erosion, Transport und Sedimentation, sondern auch drei spätere Metamorphosen überdauert! Bei Altersdaten metamorpher Gesteine ist noch eine weitere Komplikation zu beachten: Auch «verjüngte» Mineralien (und natürlich auch solche, die bei der Metamorphose neu gebildet werden) zeigen nicht das Alter der Metamorphose. Ursache der Erhöhung der Temperatur ist ja meist die Versenkung von Gesteinen in tiefe Erdkrustenteile. Nicht anders als der Versenkungs-Erwärmungs-Vorgang geht die Abkühlung nach der Metamorphose, meist gekoppelt mit Hebung und Erosion eines Gebirges, sehr langsam vor sich. Wichtige Mineralien wie die Biotite und andere Glimmer liefern also wiederum nur Abkühlungsalter; die Biotitalter im Bereich der alpinen Metamorphose geben das Bild der Abkühlung des Alpenkörpers wieder und sind bis zu 20 Millionen Jahre niedriger als das effektive Alter der Metamorphose, die zu Beginn des Oligozäns (vor 30 Millionen Jahren) stattgefunden hat.

Der Spezialfall «C 14»: Die Luft in unserer Atmosphäre enthält 0,03 Volumenprozente Kohlendioxid (CO_2). Seine geringe Häufigkeit darf nicht darüber hinwegtäuschen, daß es sich um eine Substanz von größter Bedeutung handelt. Pflanzen benötigen CO_2 für die Assimilation, es ist ein Produkt tierischer und menschlicher Atmung, und gelöst in Gewässern ist es der bestimmende Faktor bei der biogenen und anorganischen Bildung von Kalk.

In der Atmosphäre entsteht nun unter dem Einfluß kosmischer Strahlung dauernd aus dem sehr häufigen Stickstoffisotop N 14 das radioaktive C 14; dieses zerfällt mit einer Halbwertszeit von 5570 Jahren wieder zu N 14, unter Aussendung von β-Strahlen. In der sauerstoffreichen Umgebung bald zu CO_2 oxidiert, vermischt sich der radioaktive Kohlenstoff völlig gleichmäßig mit dem gewöhnlichen CO_2 der Atmosphäre. Sein Anteil iat dabei sehr gering; nur etwa jedes zehnmilliardste Kohlenstoffatom ist ein C 14. Da sich Isotope desselben Elementes chemisch identisch verhalten, wird das radioaktive CO_2 entsprechend seiner Häufigkeit von Pflanzen aufgenommen und eingebaut. Stirbt eine Pflanze ab, so zerfällt das in diesem Zeitpunkt vorhandene C 14, ohne daß jetzt noch ein Neueinbau erfolgen würde. Die ausgesendete Strahlung verhält sich proportional zur Menge C 14. Der amerikanische Physiker C. Libby hat 1947 eine Methode entwickelt, durch die präzise Messung der Strahlungsintensität das Alter einer kohlenstoffhaltigen Probe zu bestimmen. Dabei besteht die größte Schwierigkeit darin, die Meßgeräte, die die schwache Strahlung der Probe messen, vor der viel intensiveren kosmischen Strahlung abzuschirmen.

Die «Radiokarbonmethode» (nach der englischen Bezeichnung für den radioaktiven Kohlenstoff) wird heute weltweit angewendet. Infolge der kurzen Halbwertszeit des C 14 eignet sie sich nur für die Bestimmung von Altern bis zu 25 000 oder 30 000 Jahren. Das ist aber ein Zeitraum, der mit andern Isotopen nicht erfaßbar ist und aus dem viele kohlenstoffhaltige Substanzen wie Holz, Torf, Papier, Stoffe usw. erhalten sind. Wertvollste Resultate wurden bei der Gliederung der Nacheiszeit und bei urgeschichtlichen Fragestellungen erzielt. Der Beginn der ersten Dynastie in Ägypten konnte auf 3000 v. Chr. festgelegt werden; die Höhlenmalereien von Lascaux erwiesen sich als 16 000jährig. Überreste des australischen Urmenschen ergaben 31 000 Jahre, viel mehr, als die Archäologen vermutet hatten. Gelegentliche Streitfragen zwischen Physikern und Archäologen haben dazu geführt, daß man die C-14-Alter mit Proben bekannten Alters nachgeprüft hat. Von großem Interesse ist eine Art «Eichkurve», die man mit C-14-Messungen an Jahrringen von Baumstämmen aufgestellt hat (vgl. Dendrochronologie). Es zeigte sich, daß die C-14-Alter vom Jahre Null an zurück zu niedrig ausfallen und anhand dieser Eichmessungen korrigiert werden müssen. Offenbar ist die Intensität der kosmischen Strahlung (und damit die Produktion des C 14) Schwankungen unterworfen. Im Zeitraum vor dem Jahre Null unserer Zeitrechnung scheint sie intensiver gewesen zu sein als später.

Radiometrische Altersbestimmungen haben fast allen Teilgebieten der Erdwissenschaften (aber auch der Physik und der Archäologie) neue Möglichkeiten eröffnet und neue Impulse gegeben:

Man kann heute die chronostratigraphische Tabelle mit Zeitmarken versehen (s. S. 118/119). Die ungeheuren Zeiträume der Erdgeschichte sind dadurch faßbarer geworden. Dieses Setzen von Fixpunkten war keineswegs einfach. Eine wichtige Rolle haben dabei Ergußgesteine gespielt. Sie lassen sich gut datieren und verhalten sich häufig wie eine Sedimentschicht, indem sie sich auf dem Meeresgrund über die Sedimente legen und von jüngeren Schichten zugedeckt werden. Auch die Datierung der bei der Sedimentation entstandenen Mineralien (Glaukonite) wurde benützt.

Selbst die Entwicklung der Erde vom Beginn bis zum Kambrium konnte in großen Zügen rekonstruiert werden. Einige wichtige Stationen:
4500 Millionen Jahre vor der Gegenwart: Zusammenballung von Urmaterie zum homogenen, flüssigen Erdball. Starke Aufheizung durch Zerfall kurzlebiger radioaktiver Teilchen und durch die Ballung (gravitative Energie). Zu Beginn starke Entgasung, recht rasch Heranbildung eines Erdkerns und einer Urkruste, die aber immer wieder einschmilzt.
3700 Mio Jahre: Alter der ältesten bekannten Gesteine (Gneise in Grönland).
3300 Mio Jahre: Älteste Ozeansedimente in Südafrika, bereits mit Spuren primitiven Lebens (Bakterien und Algen). Entgasung und Abkühlung haben zu einer Wasserhülle («Hydrosphäre») und auch zu einer Uratmosphäre geführt.
2800 bis 2500 Mio Jahre: Phase intensiver Krustenumwandlung: Gebirgsbildung.
2200 Mio Jahre: Älteste Vergletscherung nachgewiesen (Südafrika und Kanada).
Um 2000 Mio Jahre: Übergang von einer reduzierenden zu einer schwach sauerstoffhaltigen Atmosphäre.
1800 Mio Jahre: Weltweite Gebirgsbildungen.

1000 Mio Jahre: Weltweite Gebirgsbildungen, erstmals wohl Krustenumwandlungen nach der Art der Plattentektonik (Seite 139 ff.). Öffnung eines Ozeanbeckens im Raum des heutigen Europas.
650 Mio Jahre: Starker Anstieg des Sauerstoffgehaltes der Atmosphäre auf heutige Werte. Dadurch nach einer sehr langsamen Evolution des Lebens seit über 2500 Mio Jahren nun rasche Entwicklung höherer Lebensformen.

Es ist heute möglich, das (Intrusions-)Alter eines plutonischen Gesteins (zum Beispiel eines Granits) zu bestimmen. Da diese Gesteine immer unter Bedeckung eindringen und erstarren, ergibt eine relative Altersbestimmung mit Sedimenten immer nur ein Maximalalter.
Über die radiometrischen Altersbestimmungen hinaus hat die «Isotopen-Geochemie» viele neue Anwendungen gefunden. Stoffwanderungsvorgänge (etwa bei der Metamorphose oder bei der Diagenese) lassen sich nachweisen. Von besonderem Interesse ist die Untersuchung von Vorgängen, bei denen bestimmte Isotope angereichert werden. So läßt sich durch eine temperaturabhängige Anreicherung des Sauerstoffisotops O 18 gegenüber dem weit häufigeren O 16 die Bildungstemperatur von kalkigen Sedimenten bestimmen.

Die geologische Karte

Eine topographische Karte (eine «Landkarte») gibt Auskunft über die Form und Beschaffenheit der Erdoberfläche, den Verlauf von Gewässern und die Lage der vom Menschen geschaffenen Dinge wie Häuser, Straßen, Eisenbahnlinien und so fort. Jede geologische Karte basiert auf einer topographischen, nur werden hier die verschiedenen zutage tretenden Gesteine mit Farben gekennzeichnet. Geologisch wichtige Lokalitäten wie Steinbrüche, Bergwerke, Quellaustritte, Wasserfassungen und Fossilfundstellen werden mit Signaturen vermerkt. Eingetragen werden auch Verlauf und Lage tektonischer Gefüge wie Brüche, Schichtflächen, Schieferungsflächen und Faltenachsen.
Die Lage flächiger Gefüge legt man mit der Angabe des *Streichens* und des *Fallens* fest. Die Streichrichtung ist die Horizontale auf einer Fläche; ihre Lage wird durch die Abweichung von der Nordrichtung in Grad angegeben. Das Fallen ist die Richtung des fließenden Wassers auf einer Fläche; es schwankt zwischen 0° (horizontale Fläche) und 90° (vertikale Fläche). Streichen und Fallen bilden einen rechten Winkel. In die Karten trägt man die beiden Richtungen in Form eines «Fallzeichens», ein T mit verlängerten Querbalken, ein. Die Streichrichtung (Querbalken) wird in der richtigen Orientierung hingesetzt, die Fallrichtung in der Richtung des Einfallens; dazu gehört als Zahl der Betrag des Einfallens in Graden.
Die Farben und die Signaturen sind in einer Legende erklärt, die gewöhnlich auch Auskunft über die Schichtfolge gibt. Meist gehören zu den Karten sogenannte Erläuterungshefte, in denen die kartierte Region eingehend beschrieben wird. In Abbildung 44 (nächste Doppelseite) sind zwei entsprechende Ausschnitte einer topographischen und einer geologischen Karte einander gegenübergestellt.
Die Erstellung einer geologischen Karte (im Normalfall durch einen Geologen im Gelände, im Bedarfsfall nach Flug- oder Satellitenaufnahmen) ist häufig der erste Schritt zu einer näheren geologischen Untersuchung eines Gebietes. Viele Veröffentlichungen des Forschers und viele Rapporte des praktischen Geologen enthalten Kartenbeilagen. Das systematische Kartie-

ren ganzer Länder wird durch staatliche Instanzen besorgt oder koordiniert. In der Bundesrepublik sind es die Geologischen Landesanstalten der einzelnen Länder, in Österreich die Geologische Bundesanstalt in Wien und in der Schweiz die Schweizerische Landesgeologie in Basel. Neben den offiziellen Detailkarten (meist im Maßstab 1:25 000), deren Netz noch sehr lückenhaft ist, gibt es zahlreiche Übersichtskarten und Spezialkarten wie etwa Lagerstättenkarten, Grundwasserkarten oder tektonische Karten. Der interessierte Nichtfachmann, der für das Verständnis eines Gebietes mit Vorteil zur geologischen Karte greift, hat oft Mühe, herauszufinden, welche Karten für eine bestimmte Region existieren. Ein Verzeichnis der käuflichen geologischen Karten Österreichs ist bei der Geologischen Bundesanstalt, Rasumofskygasse 23, Wien, erhältlich; ein entsprechendes Verzeichnis für die Schweiz ist der «Verkaufskatalog der Publikationen der Schweizerischen Geologischen Kommission», bei Kümmerly+Frey, Bern. Für geologische Karten der Bundesrepublik und aller übrigen Staaten ist der Geo-Katalog des Geo-Centers, Liebherrstraße 5, München 22, zu empfehlen.

Abb. 44: *Gegenüberstellung der topographischen und der geologischen Karte eines rund zehn Quadratkilometer großen Gebietes im Juragebirge zwischen Delsberg und Moutier (Schweiz). Deutlich ist der Zusammenhang von Landschaftsformen und geologischem Bau zu sehen. Im Bereich der aufgebrochenen Falte hat die Abtragung den harten Kalkstein des Kimmeridgien (mittlerer Malm; blaugrau auf der geologischen Karte) als Felsrippen und -stufen herauspräpariert. Die vielfach waldfreien Mulden markieren den Verlauf der weichen und leicht erodierbaren Tone des Oxfordien (unterer Malm; grau bzw. weiß auf der geologischen Karte). Im Innern der Falten bilden die Kalksteine des Doggers (braun) erneut Felsrippen und -kuppen. (Geologische Karte aus: Heckendorn, Beiträge zur geologischen Karte der Schweiz 147, 1974. Topographische Karte reproduziert mit Bewilligung des Bundesamtes für Landestopographie vom 26.6.1986.)*

Eine geologische Karte gibt nur über die Gesteine an der Erdoberfläche Auskunft. Oft ist man aber an der Zusammensetzung und am Bau des Untergrundes interessiert. Fallzeichen geben Hinweise auf die Lagerung von Schichten und Falten, was Rückschlüsse auf den Bau des Untergrundes erlaubt. Viel mehr Informationen aber liefern Aufrisse (Vertikalschnitte), in der Geologie «Profile» genannt. Vielfach sind sie den Karten direkt aufgedruckt oder in den Erläuterungsheften zu finden. Profile werden in der wissenschaftlichen und angewandten Geologie sehr häufig verwendet; die Abbildungen 7, 35, 37 und 48 dieses Bändchens sind Profilschnitte.

Um die räumliche Vorstellung eines Gebiets zu vermitteln, kann man aus topographischem und geologischem Kartenbild und aus entsprechenden Profilen ein Blockdiagramm konstruieren.

Mineralische Rohstoffe

Als «mineralische Rohstoffe» bezeichnet man Gesteine oder Mineralien, die der Mensch — in veränderter oder unveränderter Form — für irgendeinen Zweck wirtschaftlich verwerten kann. Im Gegensatz zur «Landwirtschaft», die in erster Linie Nahrungsmittel produziert, liefert die «Bergwirtschaft» oder der «Bergbau» die Grundprodukte für Industrie und Technik.

Man kann die mineralischen Rohstoffe in mehrere Gruppen unterteilen:
Fossile Brennstoffe: Kohle, Erdöl, Erdgas (die Bezeichnung «Brennstoffe» darf nicht darüber hinwegtäuschen, daß diese Stoffe mehr und mehr auch unentbehrliche Grundstoffe für die chemische Industrie geworden sind).
Metallische Rohstoffe: Erze, aus denen Metalle gewonnen werden können — Eisen, Mangan, Aluminium, Kupfer, Blei, Zink, Gold, Nickel, Kobalt, Chrom, Titan, Uran usw.
Nichtmetallische Rohstoffe oder Steine und Erden: eine vielfältig zusammengesetzte Gruppe, in der u. a. Rohstoffe für das Bauwesen (Kalk, Gips, Ton, Kies, Sand, Bausteine, Granit und Marmor), Salze, Schwefel, Graphit und Asbest enthalten sind.
Edelsteine: besonders schöne und dauerhafte Mineralien, die vor allem als Schmuck dienen (Diamant, Rubin, Saphir, Opal, Smaragd, Beryll usw.).

Abbauwürdige Konzentrationen von Rohstoffen nennt man *Lagerstätten*. Dabei ist «abbauwürdig» kein absoluter Maßstab; es ist ein ökonomischer und kein naturwissenschaftlicher Begriff. Viele Faktoren beeinflussen die Abbauwürdigkeit.
a) Die Konzentration. Wie viele Prozente (oder Gramm je Tonne) des gesuchten Stoffes sind im Muttergestein enthalten?
b) Die Gesamtmenge. Wieviel des gesuchten Stoffes ist insgesamt im Bereich einer Lagerstätte vorhanden? Lohnen sich die Grunderschließungsarbeiten? Können die teuren Installationen amortisiert werden?
c) Die geographische Lage. Müssen Zufahrtstraßen, Flugplätze, Pipelines und Hafenanlagen errichtet werden? Wie weit

weg liegen die Abnehmerindustrien? Kann ganzjährig gearbeitet werden (Arktis, Hochgebirge)?
d) Die politische Lage. Wie stabil ist sie in dem betreffenden Land? Sind Umstürze, Verstaatlichungen und Enteignungen zu befürchten? Soll im eigenen Land ein an sich unrentables Vorkommen für die Selbstversorgung ausgebeutet werden?
e) Die Weltversorgungslage und damit der *Weltmarktpreis*. Wieviel des betreffenden Rohstoffs besitzt die Konkurrenz, und wieviel verlangt sie dafür? Sind Anzeichen vorhanden, daß irgendwo große neue Vorkommen entdeckt worden sind, oder werden große gehortete Vorräte auf den Markt geworfen?

Wie entstehen Lagerstätten? Wir haben bereits mehrfach gesehen, daß sich bei geologischen Vorgängen bestimmte Mineralien anreichern können; besonders augenfällig war das beim sedimentären Kreislauf (S. 35). An der Entstehung von Lagerstätten sind vor allem *sedimentäre und plutonische Prozesse* beteiligt. Wie diese Anreicherung vor sich gehen kann, soll an einigen Beispielen gezeigt werden: Bei der *Verwitterung* von Eruptivgesteinen (häufig Syenite oder Basalte) in tropischem Klima wird Silicium weggeführt; Aluminium reichert sich von 7 bis 10 Prozent im Gestein auf 25 bis 30 Prozent im Verwitterungsrückstand *Bauxit* an.
Beim *Flußtransport* oder im Bereich der *Meeresbrandung* reichern sich schwere und harte Mineralien an, die im abgetragenen Muttergestein nur in geringer Konzentration vorhanden waren. Auf solchen «Seifenlagerstätten» gewinnt man Gold, Platin, Zinnerz, Diamanten und andere Edelsteine.
Die besten Bedingungen für die Bildung von *Kohle* bestehen in feuchtem, subtropischem Klima (mit üppiger Vegetation), in tektonisch unruhigen Kontinentgebieten mit Senkungstendenzen (was ein rasches Anwachsen der Torflager und eine Überdeckung mit klastischen Sedimenten zur Folge hat). Die kohlereichsten Zeiten der Erdgeschichte waren das Karbon und das

Abb. 45: *Bändererz*
In einer Gangart von Quarz (weiß) liegen Bänder von Kupferkies (gelb), Zinkblende (braun) und Bleiglanz (grau).

Tertiär. Tertiärkohlen sind meist Braunkohlen, während Karbonkohle infolge der mächtigeren Überdeckung durch jüngere Sedimente häufig Steinkohle ist.

Magmatische Lagerstätten: Sehr viele Erzlagerstätten finden sich in der Umgebung plutonischer Gesteine. Das hängt mit Vorgängen beim Auskristallisieren dieser Gesteine aus der magmatischen Schmelze zusammen. Viele im Magma vorhandenen Metallverbindungen erstarren nicht mit der Hauptmasse des Gesteins, sondern reichern sich in heißen Restlösungen an, die viel Wasser und andere flüchtige Bestandteile enthalten. Aus den Lösungen kristallisieren dann Erze und Begleitmineralien («Gangart») beim weiteren Abkühlen in Rissen des erstarrenden, sich zusammenziehenden Eruptivkörpers oder in den Gesteinen seiner näheren und weiteren Umgebung. Dabei können die Nebengesteine durch die chemisch recht aggressiven Lösungen mehr oder weniger stark verändert werden. Direkt zusammen mit Eruptivkörpern gabbroider Zusammensetzung kommen Chrom-, Nickel- und Platinerze vor; Zinn-, Wolfram-, Molybdän- und Uranerze sind oft an die unmittelbare Nähe von Graniten gebunden. In einiger Entfernung von Plutoniten finden sich Kupfer-, Blei-, Zink-, Kobalt-, Wismut-, Silber- und Quecksilbererze.

Die Lagerstätten mineralischer Rohstoffe sind auf der Erde ganz unregelmäßig verteilt. Die meisten Staaten benötigen aber Rohstoffe dringend als Basis ihrer Industrie. Mit Rohstoffen muß also gehandelt werden. Der Bezüger ist dabei meist in einer schwachen Verhandlungsposition, da er die Ware haben muß und häufig kaum Ausweichmöglichkeiten bestehen. Die starke Stellung des Verkäufers wirkt sich in erster Linie auf den Preis aus. Rohstoffe können aber auch als politische Waffe eingesetzt werden: Die Drosselung der für die westlichen Staaten unentbehrlichen nahöstlichen Erdöllieferungen 1973/74 ist ein drastisches Beispiel dafür. Der Wunsch nach gesicherter Versorgung mit wichtigen Rohstoffen bestimmt maßgeblich die Wirtschafts- und Außenpolitik vieler Länder. Daß befreundete Staaten sich wegen Rohstofffragen in die Haare geraten können, hat unter anderem der Streit der Anrainerstaaten um das

Erdöl und Erdgas der Nordsee gezeigt. Kriegerische Auseinandersetzungen um den Besitz rohstoffreicher Gebiete sind auch aus der neueren Geschichte bekannt.

Wie lange reichen unsere Rohstoffreserven aus? Man spricht in unseren Tagen von einer Rohstoff- und einer Energiekrise. Was der Fachmann längst wußte, rüttelt heute eine breitere Öffentlichkeit auf. Mineralische Rohstoffe gehören zum einmaligen Inventar der Erde, ihre Bildung erfolgt im Verlaufe geologischer Zeiträume, und von einer Neubildung kann — mit menschlichem Zeitmaß gemessen — nicht die Rede sein.
Der Abbau mineralischer Rohstoffe ist *Raubbau*. Neue, seriöse Studien zeigen, daß beim bisherigen, fast exponential ansteigenden Verbrauch viele Vorkommen wichtiger Rohstoffe in 50 bis 200 Jahren endgültig erschöpft sein werden. Besorgt muß man sich nach der Zukunft unserer Kultur und unserer Zivilisation fragen. Es geht heute darum, aus dem Vorhandenen das Maximum herauszuholen. Dafür bieten sich unter anderem folgende Möglichkeiten an:

1. Dauernde Suche nach neuen Vorkommen (Prospektion). Das wird weltweit intensiv getan.
2. Möglichst vollständiger Abbau der bekannten Lagerstätten, wenn nötig mit neuen, aufwendigeren Methoden. Die Erdölfelder der Erde sind im Mittel nur zu zwei Dritteln entölt!
3. Aufarbeitung alter Halden (Gestein, das bei früheren Abbauversuchen wegen zu geringer Gehalte nicht verarbeitet wurde).
4. Suche nach neuen Vorkommen mit niedrigen Gehalten, aber großer Ausdehnung. Das Meerwasser enthält Riesenmengen gelöster Stoffe. Granite könnten für die Gewinnung von Uran aufgearbeitet werden, aus Tonen ließe sich Aluminium herstellen. In den USA und in Kanada liegen in Ölschiefern über 100 Milliarden Tonnen Erdöl. Die Verarbeitung derart riesiger Gesteinsmengen hätte allerdings sehr große Umweltbelastungen zur Folge.

Folgende Doppelseite
Abb. 46: *Vollmechanisierter Braunkohlen-Bergbau am Niederrhein (BRD). Man beachte das Größenverhältnis Mensch/Maschine!*

5. Möglichst vollständige Wiederverwertung (Recycling) gebrauchter Rohstoffe (Altmetalle, Altöl usw.).
6. Suche nach Ersatz für wichtige Rohstoffe. Besonders dringlich ist dies beim Erdöl: Die Verschwendung dieses kostbaren chemischen Grundstoffes für Heizzwecke soll durch vermehrten Einsatz von «Alternativenergien» eingedämmt werden: Sonnen-, Wind- und Gezeitenenergie, geothermische Energie (Erdwärme), eventuell auch Atomenergie. Als Treibstoff wären Erdölprodukte teilweise zu ersetzen durch Alkohole oder Wasserstoff. Schließlich erwägt man heute wieder die großindustrielle synthetische Herstellung von Benzin durch Hydrierung von Kohle, deren Reserven ungleich größer sind als diejenigen des Erdöls. Dabei ist es nicht nur das Wissen um die beschränkten Vorräte, welches die westlichen Industrienationen Ersatz für Erdöl suchen läßt, sondern auch die Abhängigkeit von den erdölbesitzenden und -exportierenden Staaten.
7. Allgemeine Dämpfung der wirtschaftlichen Expansion und der übersteigerten persönlichen Ansprüche der Angehörigen der Industrienationen.

Die tabellarische Zusammenstellung soll zeigen, welche Mengen von Rohstoffen der Mensch im Jahr aus der Erde gewinnt. Die Angaben gelten für 1986 (nach Mining Annual Review); es sind gerundete Werte.

Mio Tonnen		Mio Tonnen			Tonnen
Erdöl	2921	* Kupfer	6,35	* Nickel	505 000
Kohle (1985)	4884	* Zink	5,02	Magnesium	309 000
Eisenerz	908	* Blei	2,33	* Zinn	133 190
(Stahlproduktion 713)				* Uran	37 000
Phosphat	145			* Kobalt	25 800
Schwefel	57			* Silber	9 800
Aluminium	27			* Gold	1 280
Manganerz	22			Diamanten	17,9
Chromerz	11			* ohne Ostblockstaaten	

Plattentektonik

Wir haben das Kapitel «Tektonik und Gebirgsbildung» mit Fragen abgeschlossen: Welche Ursachen hat eigentlich das tektonische Geschehen auf der Erde? Gibt es Erklärungen für die Verteilung von Ozeanen und Kontinenten, für die Lage und Form der Faltengebirge, und für das Nebeneinander von Bruch- und Faltentektonik?
Diese zentralen Fragen haben seit jeher die Geologen beschäftigt. Ihre zahlreichen Theorien und Hypothesen können hier aus Platzgründen nicht besprochen werden.
Die sehr großen Fortschritte der Geophysik und die Erweiterung unserer Kenntnisse über den Bau der Ozeane führten in den sechziger Jahren zu einer neuen umfassenden Theorie: der *Plattentektonik*. Viele Erdwissenschaftler unserer Zeit haben sie in ihren Grundzügen akzeptiert. Die Plattentektonik geht davon aus, daß die Außenschicht der Erde aus einer Anzahl mehr oder weniger starrer Platten besteht, die auf einem dichteren, plastischen Untergrund schwimmen und sich mit Geschwindigkeiten von einigen Zentimetern im Jahr gegeneinander bewegen. Die Platten entsprechen der Lithosphäre, welche die Erdkruste und einen Teil des oberen Mantels bis in eine Tiefe von 100 bis 150 Kilometern umfaßt; es ist der äußerste starre Teil der Erde. Die darunter liegende Schicht hat man Asthenosphäre genannt; es ist derjenige Teil des oberen Mantels, der sich unter dem Druck der Platten und der erhöhten Temperatur plastisch verhält.
Auf der Karte in Abb. 47 ist die Anordnung der Platten dargestellt. Wir haben 17 Platten ausgeschieden, müssen aber darauf aufmerksam machen, daß diese Zahl keineswegs fest ist und von Autor zu Autor variiert. Durchgezogene gelbe Linien entsprechen sicheren und allgemein anerkannten Plattengrenzen, unterbrochene Linien deuten unsichere an.

Folgende Doppelseite
Abb. 47: *Die Erde aus der Sicht des Plattentektonikers: Platten und die an Plattenrändern auftretenden Phänomene: Erdbeben, Vulkanismus, Tiefseegräben, mittelozeanische Rücken und Blattverschiebungen.*

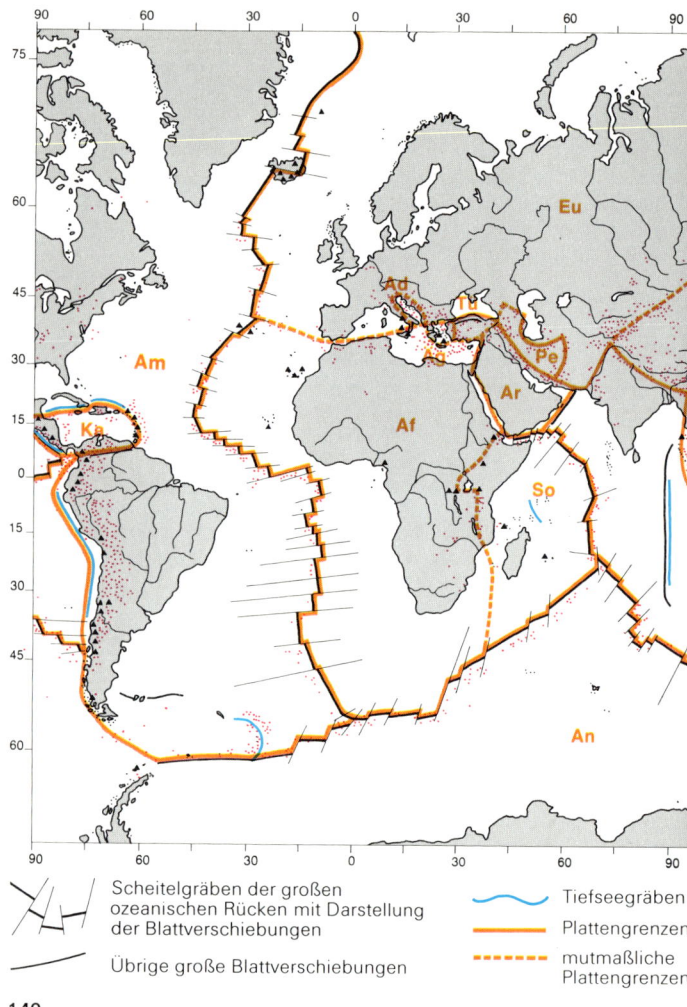

⧹⫽⫼ Scheitelgräben der großen ozeanischen Rücken mit Darstellung der Blattverschiebungen	∼ Tiefseegräben
	━ Plattengrenzen
─ Übrige große Blattverschiebungen	┄ mutmaßliche Plattengrenzen

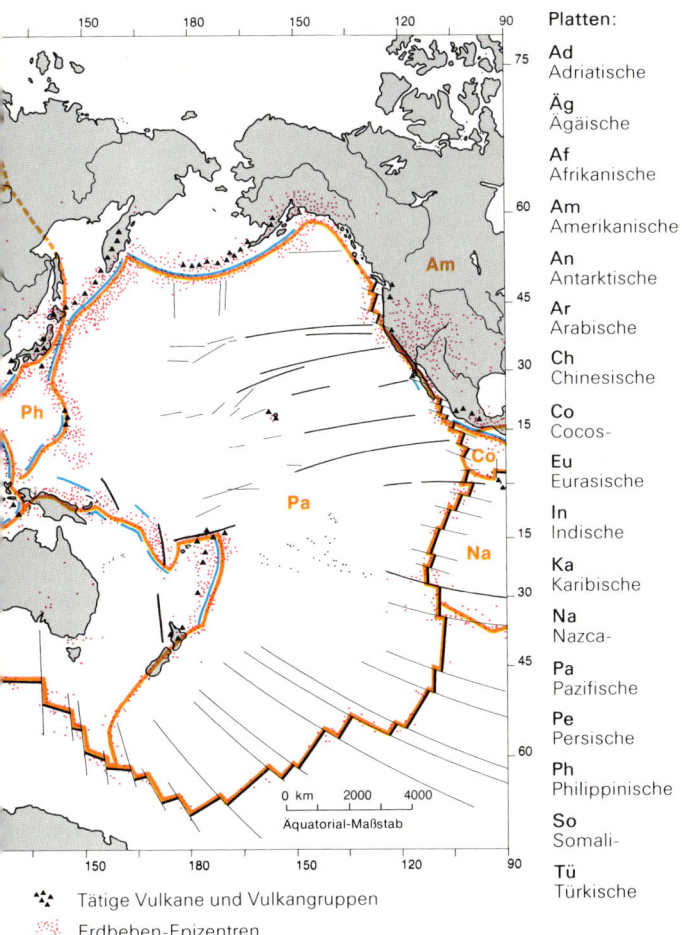

Alles wesentliche tektonische Geschehen der Erde spielt sich an Plattengrenzen ab: Gebirgsbildung/Faltung und Bruchtektonik, mit den Folgeerscheinungen Erdbeben und Magmatismus. Besonders auffallend ist das Zusammenfallen der Erdbebenzonen der Erde mit den Plattengrenzen (Abb. 47).
Es gibt grundsätzlich drei Möglichkeiten der Bewegung an Plattengrenzen:

A. Platten bewegen sich voneinander weg. An der Nahtzone entstehen mittelozeanische Rücken mit Förderung von Basalt und Neubildung ozeanischer Kruste. Konstruktive Plattengrenze.

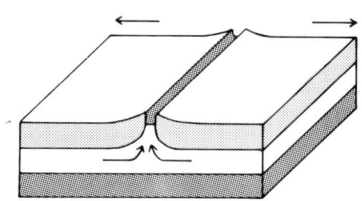

B. Platten bewegen sich gegeneinander und kollidieren. Dies führt zur Versenkung (Subduktion) einer Platte, verbunden mit Tiefseegräben, Erdbeben, Vulkanismus und eventuell Gebirgsbildung. Destruktive Plattengrenze.

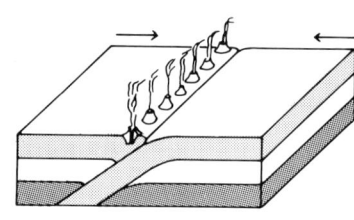

C. Platten bewegen sich schrammend aneinander vorbei (als Blattverschiebungen). Ursache stärkster Erdbeben.

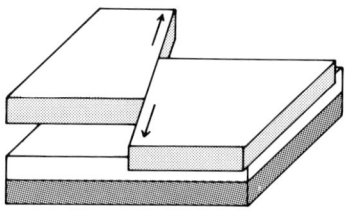

Die drei Fälle sollen kurz beschrieben werden.

A. Jeder gute Beobachter bemerkt auf einer Weltkarte, daß sich die Umrisse der Kontinente Europa, Afrika, Nord- und Südamerika sowie Grönland wie ein verschobenes Puzzle zusammenfügen lassen. Darauf basierend hatte Alfred Wegener 1915 seine «Kontinentalverschiebungstheorie» entwickelt. Er konnte bereits damals nachweisen, daß alte Gebirgszüge der Kontinente beidseits des Atlantiks übereinstimmen und das die gemeinsame Entwicklung der Lebewesen der Kontinente im Mesozoikum abreißt. Neue Untersuchungen haben zur Entdeckung des Mittelatlantischen Rückens und gleichgebauter untermeerischer Gebirge im Indischen und Pazifischen Ozean geführt. Der Mittelatlantische Rücken erstreckt sich, die Kontinentumrisse von Amerika, Europa und Afrika nachzeichnend, von Grönland bis in die Antarktis (Abb. 47). Mit einer mittleren Breite von 2000 Kilometern, einer mittleren Höhe von 3000 Metern und einer Länge von über 10 000 Kilometern ist er das mächtigste Gebirge der Erde, das sich allerdings nur in wenigen Vulkaninseln über den Meeresspiegel erhebt. In der Achse des Rückens liegt ein schluchtartiges Tal. Es ist die eigentliche Nahtstelle der auseinanderweichenden amerikanischen und eurasisch-afrikanischen Platten. Hier fließt dauernd aus dem darunterliegenden oberen Mantel aufsteigende basaltische Lava aus, die Fuge ausfüllend und damit die Platten vergrößernd. Das Aufdringen der Lava und ihre Volumenvergrößerung beim Aufstieg ist auch für die Aufwölbung des Rückens verantwortlich. Der Atlantik wird also unter Neubildung ozeanischer Kruste dauernd verbreitert. Man nennt die Erscheinung «sea-floor-spreading» (Meeresbodenausdehnung) und spricht von einer konstruktiven Plattengrenze. Ein schöner Beweis für diese Ausdehnung ist mit der Untersuchung des Gesteinsmagnetismus der erstarrten Basalte beidseits des Rückens gelungen. In geschmolzenen Gesteinen ordnen sich die stets vorhandenen magnetischen Mineralien in der Art eines Kompasses nach dem magnetischen Erdfeld ein. Bei der Erstarrung wird diese Anordnung «eingefroren» und bleibt für alle Zeiten erhalten. Nun hat man festgestellt, daß sich beim Magnetfeld der Erde im Verlauf der Jahrmillionen mehrfach aus noch unbe-

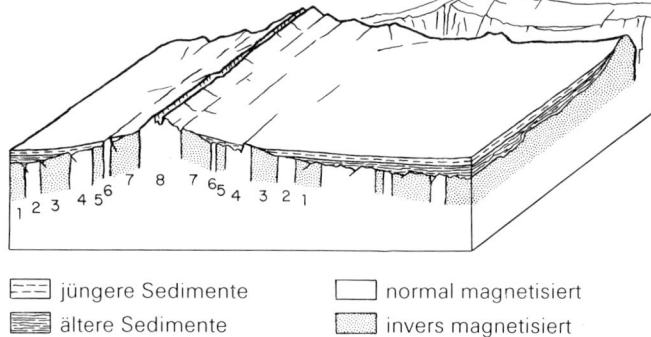

⊟ jüngere Sedimente   ☐ normal magnetisiert
▨ ältere Sedimente   ▨ invers magnetisiert

Abb. 48: *Schematischer Schnitt durch den Mittelatlantischen Rücken zur Erläuterung der magnetischen Verhältnisse auf dem Boden des Atlantiks (nach Trümpy)*

kannten Gründen der Nord- und der Südpol vertauscht haben (Umpolung des Magnetfeldes). Untersucht man die ozeanische Kruste des Atlantiks von Schiffen aus auf ihren Magnetismus, so ergibt sich eine streifenartige Anordnung (Wechsel N-S-Pol), die eine perfekte Symmetrie zum Mittelatlantischen Rücken zeigt (Abb. 48).
Je zwei zueinander symmetrische, gleich magnetisierte Lavastreifen wurden gleichzeitig gefördert, sind aber durch das fortdauernde Auseinanderweichen getrennt worden. Paläontologische radiometrische Altersbestimmungen bestätigen diese Befunde. Die Geschwindigkeit des Auseinanderweichens beträgt im Fall des Atlantiks 2 bis 4 Zentimeter pro Jahr. Unter der Annahme einer gleichbleibenden Geschwindigkeit von 3 Zentimetern im Jahr und einem Abstand der Kontinentmassen von 5000 Kilometern müßte die Öffnung des Atlantiks vor 165 Millionen Jahren begonnen haben. So alt (Callovien, oberster Dogger) sind aber tatsächlich auch die ältesten im Atlantik gefundenen Sedimente.

Auch andere Kontinentmassen sind auf diese Weise auseinandergedriftet. Durch Kombination sehr vieler Beobachtungen weiß man heute, daß zur Permzeit alle großen Kontinente eine riesige, zusammenhängende Landmasse (den Kontinent Pangäa) gebildet haben (Abb. 49). Ihr Zerfall, auf Plattenbewegungen beruhend, ist Schritt für Schritt rekonstruiert worden. Über die Anordnung und Bewegung der Platten und der Kontinente vor dem Perm weiß man natürlich viel weniger; man nimmt heute an, daß es plattentektonikähnliche Vorgänge seit etwa einer Milliarde Jahre gibt (vgl. S. 125).

Auffallend ist in Abb. 49 die Zerhackung der mittelozeanischen Rücken durch Blattverschiebungen. Das ist eine Folge der Geoidform der Erde. Entfernen sich große Platten um einen bestimmten Winkel voneinander, so muß die Aufreißbewegung am Äquator viel rascher erfolgen als in Polnähe. Diese unterschiedliche Geschwindigkeit wird durch die Blattverschiebungen (die übrigens parallel zu den Breitenkreisen verlaufen) kompensiert.

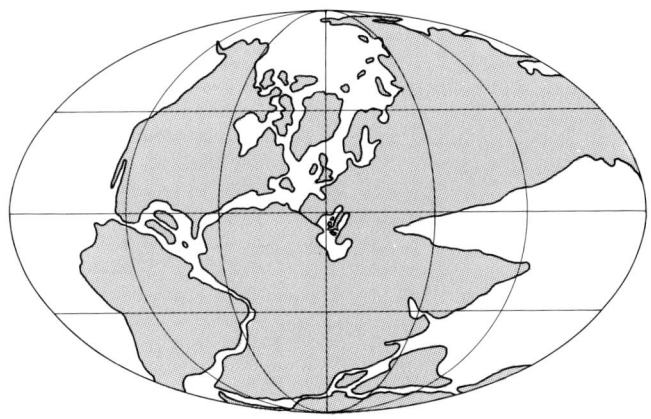

Abb. 49: *Rekonstruktion des Riesenkontinents «Pangäa» vor seinem Zerfall im Perm*

B. Bei der Kollision zweier Platten sind dramatische tektonische Ereignisse zu erwarten. Handelt es sich um zwei ozeanische Platten oder um eine ozeanische und eine kontinenttragende, so wird eine ozeanische Platte unter einem Winkel von rund 45° in die Asthenosphäre hineingestoßen. Diesen Vorgang nennt man Subduktion. Die Reibung beim Einspießen der Platte verursacht heftige Erdbeben, deren Herde in der Richtung des Abtauchens immer tiefer zu liegen kommen. Durch die entstehende Wärme werden die Gesteine der eintauchenden Platte metamorph umgeprägt und schließlich aufgeschmolzen, was zur Bildung magmatischer Gesteine führt. Hier wird also Lithosphäre «zerstört», und man spricht deshalb von einer destruktiven Plattengrenze. Viele Forscher sehen in diesem Vorgang eine Kompensation zur Neubildung von Lithosphäre an den konstruktiven Plattengrenzen der mittelozeanischen Rücken.

Das klassische Beispiel für diesen Fall ist der Westrand des Pazifiks. Hier wird die westdriftende Pazifikplatte unter die philippinisch-eurasische gedrängt. Es entstehen die bekannten Tiefseegräben, die auf den Kontinentseiten von Vulkanketten begleitet werden. Wie bereits erwähnt (S. 78), werden hier andesitische Laven gefördert mit allen Begleiterscheinungen des explosiven Vulkanismus. Der Andesit entsteht wohl aus der Durchmischung von Basalt mit aufgeschmolzenem Krustengestein.

Tragen beide kollidierenden Platten Kontinente, so ist ein Verdrängen der einen Platte in die Tiefe nicht möglich. Kontinente bestehen ja aus wenig dichten Krustengesteinen, die nicht einfach in den dichteren Untergrund versenkt werden können. Solche Fälle haben zur Entstehung der großen Faltengebirge geführt, zur Bildung der Alpen, des Himalaja und der Rocky-Mountains-Anden-Kette. Gebirgsbildungen sind sehr komplizierte Vorgänge. Neben vielen gemeinsamen Zügen weist jedes dieser großen Gebirge seine Besonderheiten auf, von denen heute noch längst nicht alle plausibel erklärt worden sind. Auf S. 148 soll geschildert werden, wie man sich das Werden der Alpen, unseres europäischen Hochgebirges, heute vorstellt.

C. Blattverschiebungen großen Ausmaßes spielen in der Globaltektonik eine wichtige Rolle. Der Plattentektoniker deutet sie vielerorts als Kontaktflächen zweier Platten, die sich dicht aneinander vorbeibewegen. Dieser Mechanismus bietet günstige Bedingungen für die Entstehung von Erdbeben. Zonen aktiver Horizontalverschiebung auf den Kontinenten werden dauernd von Erdbeben heimgesucht; Beispiele dafür sind die San-Andreas-Störung in Kalifornien (die sich über 1000 km weit verfolgen läßt) und die ost-westlich verlaufende anatolische Störung in der Türkei. Gleichzeitig mit den Erdbeben entstehen in solchen Zonen oft an der Erdoberfläche seitliche Verschiebungen bis zu mehreren Metern. Die Bewegung an den Plattengrenzen verläuft hier nicht anhaltend und fließend, sondern ruckartig. Das Erdbeben entsteht bei der Lösung der aufgestauten Spannung an den Bruchflächen. Vulkanismus ist an solchen Brüchen nicht zu beobachten, der Kontakt zwischen den Platten ist zu eng, als daß Schmelzen aus der Tiefe aufsteigen könnten. Es wurde bereits darauf hingewiesen, daß an den mittelozeanischen Rücken Blattverschiebungen auftreten, doch handelt es sich dort natürlich nicht um Plattengrenzen.

Die Frage, welche Kräfte die Platten in Bewegung halten, ist bisher nicht ganz befriedigend beantwortet. Das ist verständlich, da es sich um Fließbewegungen in der Asthenosphäre handeln muß, die jeder direkten Beobachtung unzugänglich ist. Viele Modelle arbeiten mit aufsteigenden und absteigenden, zum Teil in sich geschlossenen Strömen («Konvektionsströmen»): Relativ warmes und wenig dichtes Gesteinsmaterial steigt auf, kühleres und verdichtetes sinkt ab. Auf dem Rücken dieser Strömungen werden die Platten verdriftet. Das Aufsteigen heißer Gesteinsmassen bedeutet aber, daß das Erdinnere dauernd Wärme abgibt. Dieser Wärmefluß kann auf den Kontinenten wie auf den Meeresböden gemessen werden. Die Wärme stammt nicht etwa aus der Abkühlung eines ursprünglich sehr heißen Erdinnern, sondern aus dem Zerfall natürlicher radioaktiver Elemente.

Die Entstehungsgeschichte der Alpen

Zur Karbon- und Permzeit ist Europa — gemeint ist damit das Gebiet der späteren Alpen — ein Teil des Superkontinents Pangäa. Über einem Festlandsockel aus kristallinen Gesteinen entstehen im Karbon aus üppigen tropischen Sümpfen die Kohlen, denen die Epoche den Namen verdankt. Nach einer Periode heißen, trockenen Klimas im Perm beginnt die Kontinentmasse in der Triaszeit zu zerbrechen. Unter Absenkung entlang von Brüchen öffnet sich im Süden ein Meeresbecken; man nennt es Urmittelmeer oder Tethys. Bis gegen die Mitte der Kreidezeit, also während etwa hundert Millionen Jahren, entwickelt sich hier ein viele hundert Kilometer breiter Ozean. Er ist in verschiedene Becken- und Schwellenzonen gegliedert. In einer Grobunterteilung unterscheidet man von Norden nach Süden einen helvetischen, penninischen, ostalpinen und südalpinen Ablagerungsraum. Über einer wegen der starken Dehnung ausdünnenden kontinentalen Kruste werden hier mächtige Sedimentschichten abgelagert, vorwiegend Kalkstein, Mergel, Ton und Sandstein. Im südpenninischen Bereich entwickelt sich sogar ein Tiefseetrog, in dem eine ozeanische Kruste aus Basalt und Gabbro neu entsteht. Diese Tiefseephase fällt zeitlich mit dem Beginn der Öffnung des Nordatlantiks zusammen.

Bis zu diesem Zeitpunkt besteht die Geschichte der Alpen aus der Öffnung eines Ozeans infolge dehnender Bewegungen und der Ablagerung von Sedimenten. Einen derartigen Trog nannte man früher «Geosynklinale», ein Begriff, der seine große Bedeutung weitgehend verloren hat und heute eher gemieden wird. Nach der Mitte der Kreidezeit ändert sich das Bild, als Folge von Plattenbewegungen im Atlantik, völlig. Dort setzt jetzt nämlich auch die Öffnung des Südatlantiks ein, der sich mit dem Nordatlantik vereinigt. Afrika beginnt nach Norden zu wandern, und so muß es zur Kollision zweier kontinenttragender Platten und damit zur Gebirgsbildung kommen.

Die Kompliziertheit des nun entstehenden Gebirges zeichnet sich schon früh ab, weil die Plattengrenzen unregelmäßig gezackt sind und sich eine komplizierte Verzahnung ergibt. Ferner macht sich im Verlauf der Kollision Iberien als Plattenspan selbständig und beginnt im Gegenuhrzeigersinn zu rotieren; wahr-

scheinlich liegt hier der Grund für die auffallend starke Krümmung des Alpenbogens.
Bis gegen das Ende der Tertiärzeit driften nun die beiden Platten gegeneinander. Sedimente des Ozeans, die unterlagernde kontinentale und ozeanische Kruste, ja selbst Pakete des oberen Mantels werden abgeschürft, übereinandergeschoben und ineinander verschachtelt. Die ursprünglichen räumlichen Beziehungen (oben und unten, Nord und Süd) werden vielfach völlig durcheinandergebracht, es ist kein Wunder, daß die Analyse der Alpen trotz 150 Jahren intensivster Arbeit noch heute nicht abgeschlossen ist.
An verschiedenen Anzeichen erkennt man, daß die Faltung von Süden nach Norden fortgeschritten ist und daß der Transport der Gesteine fast immer in Richtung Nord oder Nordost erfolgte. Gut ist dies beispielsweise an gewissen nach Norden überliegenden Falten zu sehen (Abb. 39/3 und 4, S. 104/105). Ferner beobachtet man, daß in der Regel im Ablagerungsraum südlicher gelegene Gesteine auf und über nördlichere geschoben worden sind. So liegen die penninischen Decken über den helvetischen und unter den ostalpinen.
Als Endeffekt der Faltung entsteht ein Stapel von flächigen Gesteinspaketen, die dachziegelartig übereinanderliegen. Es sind sehr unterschiedliche Gebilde, einerseits Falten, meist nach Norden überliegend und mehr oder weniger zerrissen, anderseits aber auch kaum verfaltete Gesteinsplatten von Kilometerdicke. Alle haben gemeinsam, daß sie fernab vom Ort ihrer Entstehung liegen; man faßt sie unter dem Begriff *Decken* zusammen. Die Alpen sind das klassische Deckengebirge der Erde.
Der Betrag der Einengung ist nicht genau zu berechnen. Wenn man von den Sedimenten ausgeht, die verhältnismäßig einfach «abzuwickeln» sind, so müssen sie auf einen Fünftel bis einen Sechstel der ursprünglichen Breite zusammengestaucht worden sein, von vielen hundert Kilometern auf die rund hundert des heutigen Alpenquerschnitts.
Zumindest einmal während der Faltung kommt es zu einer Subduktion. Man erkennt dies an der charakteristischen Metamorphose gewisser Gesteine. Die zu dieser Zeit aktiven Andesitvulkane sind längst abgetragen; erhalten sind hingegen Sand-

steine, die fast nur aus Bruchstücken andesitischer Vulkanite bestehen.

Man darf sich die alpine Faltung keinesfalls als katastrophales Ereignis vorstellen. Sie dauert alles in allem gegen hundert Millionen Jahre, und die Geschwindigkeit der Bewegungen hat mit einigen Zentimetern im Jahr diejenige der heutigen Platten kaum je überschritten.

Der gewaltige Zusammenschub führt zwar zu einem Deckenstapel, aber vorerst nicht zu einem Gebirge. Sehr lange verläuft die Faltung untermeerisch; das bedingt, daß die Anhäufung von Decken von einer starken Absenkung begleitet ist. Erst spät beginnen sich die frontalen Teile der Decken als Inselketten über den Meeresspiegel zu erheben. Dabei setzt unverzüglich Erosion ein. Den in die nahegelegenen tiefen Meeresbecken transportierten Abtragungsschutt nennt man *Flysch*. Es sind Breccien, Sandsteine und Tone, die häufig mit lawinenartigen Trübeströmen in tiefere Teile der Becken verfrachtet werden.

Erst in den letzten Phasen der Faltung setzt plötzlich eine starke Heraushebung ein; sie macht nun den Deckenstapel zum Hochgebirge. Diese Hebung (die mit Millimeterbeträgen im Jahr heute noch andauert) erreicht gesamthaft gewaltige Ausmasse: In den Tessiner Alpen findet man heute Gesteine, die während der Faltung zwanzig bis dreißig Kilometer tief versenkt gewesen sein müssen (ein Beispiel dafür ist der auf S. 87 abgebildete Disthen-Glimmerschiefer). Das bedeutet, daß die darüberliegende Gesteinsmasse während der Hebung sukzessive erodiert worden ist. Ein Teil dieses Abtragungsschuttes ist erhalten: Es sind die flußtransportierten Konglomerate und Sandsteine tertiären Alters im nördlichen Alpenvorland, die sogenannten Molassegesteine.

Im Zusammenhang mit der Versenkung von Gesteinen ist es nicht nur zu starker Metamorphose, sondern auch zur Aufschmelzung gekommen. Dabei sind saure Magmen entstanden, die am Südrand der Alpen, im Bergell und im Massiv des Adamello, hochgestiegen und als Granite erstarrt sind.

Kleines Wörterbuch wichtiger Begriffe

Absolute Altersbestimmung Bestimmung des effektiven Alters eines Gesteins oder eines geologischen Ereignisses.
Antiklinale Faltensattel.
Asthenosphäre Gesteinsschicht der Erde unter der → *Lithosphäre* unterhalb 80 bis 150 Kilometer Tiefe, die sich infolge des hohen Drucks und der hohen Temperatur plastisch verhält; Fließbewegungen in der A. sind die Ursache großtektonischer Ereignisse → *Konvektionsströme*.
Aufschluß Stelle, an der ein bestimmtes Gestein an der Erdoberfläche sichtbar und zugänglich (aufgeschlossen) ist.
Autochthon Gesteinsmassen, die während einer Gebirgsbildung an Ort und Stelle geblieben sind (Gegenteil: allochthon).
Biogene Sedimente Sie sind unter wesentlicher Beteiligung von Tieren oder Pflanzen entstanden.
Blattverschiebung → *Bruch* mit horizontaler Verschiebungsrichtung der beiden gegeneinander bewegten Blöcke.
Böden Dünne, lockere Verwitterungsschicht der Erdoberfläche, durchsetzt mit Pflanzenresten (Humus) und Kleinlebewesen, wichtig als Träger der Vegetation.
Bruch Fläche, an der sich zwei Gesteinsblöcke gegeneinander verschoben haben (Verwerfung); je nach Lage der Fläche Abschiebung, Aufschiebung, Überschiebung oder → *Blattverschiebung*.
Decken Überschobene, flächige, nicht mehr ortsfeste Gesteinsmassen. Entwicklung zum Teil aus liegenden Falten; aber auch unverfaltete Massen.
detritisch Aus Abtragungsschutt bestehend.
Detritus Abtragungsschutt.
Diagenese Verfestigung von Sedimenten (Entwässerung, Kompaktion und Verkittung).
dicht Feinkörnige Gesteine, deren Einzelkristalle auch mit der Lupe kaum sichtbar sind und die splittrig-schalig brechen.
Diskordanz Darunter versteht man eine Aufeinanderfolge ungleich gelagerter Schichten in einem → *Profil*, meist Überlagerung gefalteter und teilweise abgetragener älterer Sedimente (oder des kristallinen Grundgebirges) durch jüngere Sedimente. Der Begriff wird auch dort verwendet, wo ein jüngeres Eruptivgestein die Strukturen älterer Gesteine durchsetzt oder abschneidet («diskordanter Basaltgang», «diskordanter Granit»).
Epirogenese Langsame, langandauernde Hebungen, Senkungen und Verbiegungen der Erdkruste (Gegenteil: → *Orogenese*)
Erdkern Innerster Teil der Erde, von 2900 Kilometer Tiefe bis ins Zentrum reichend, bestehend aus Materie der Dichte 8 bis 10, wahrscheinlich eine Eisen-Nickel-Legierung.

Erdkruste Oberste, 10 bis 60 Kilometer mächtige Gesteinsschicht der Erde oberhalb der → *Mohorovičić-Diskontinuität*, bestehend aus granitischen Gesteinen (Kontinente) bzw. Basalten (Ozeane).

Erdmantel Etwa 3000 Kilometer dicke Schicht der Erde zwischen der → *Erdkruste* und dem → *Erdkern*, oft aufgeteilt in einen oberen Mantel (bis 900 Kilometer Tiefe) und einen unteren Mantel (bis 2900 Kilometer Tiefe).

Erosion Abtragung von Gestein durch fließende Gewässer (im weiteren Sinne auch durch Meeresbrandung, Eis und Wind).

Eruptivgesteine → *Magmatische Gesteine*.

Erze Gesteine, aus denen man wirtschaftlich Metalle erzeugen kann.

Fazies Gesamtheit der Merkmale eines Sediments (Zusammensetzung, Fossilinhalt, Ablagerungsraum usw.).

Flysch Sedimente, die im Innern eines werdenden Gebirges in Seen oder isolierten Meeresbecken abgelagert werden. Breccien, Sandsteine und Schiefer in Wechsellagerung (→ *Molassesedimente*).

Fossilien (Versteinerungen) Reste von Lebewesen der Vergangenheit in Gesteinen (→ *Leitfossilien*).

Gang Spaltenfüllung jüngerer Gesteine in älteren (zum Beispiel Basaltgänge oder Erzgänge). Im Gegensatz zur üblichen Bedeutung des Wortes Gang handelt es sich um plattenförmige Gebilde.

Geochemie Teilwissenschaft der Geologie, die sich mit der chemischen Zusammensetzung der Erde und den chemischen Vorgängen auf und in der Erde befaßt.

Geophysik Teilwissenschaft der Geologie, die sich mit dem physikalischen Aufbau der Erde und den physikalischen Eigenschaften der Gesteine befaßt.

Geothermische Tiefenstufe Dicke einer Gesteinsschicht, innerhalb derer beim Vordringen in die Tiefe die Temperatur um 1 °C zunimmt.

Geröll Allgemeiner Ausdruck für wassertransportiertes, gerundetes Gestein.

Gestein Natürliches Gemenge von Mineralien.

Gneis (Auch Gneiß) Plattig spaltendes metamorphes Gestein mit Glimmerbelag auf den Spaltflächen; meist quarz- und feldspathaltig.

Graben System von → *Brüchen*, bei dem eine mittlere Scholle gegenüber den beiden Nachbarschollen abgesunken ist.

Grundgebirge Kristalline Gesteine, die auf den Kontinenten die Unterlage der Sedimentschicht bilden.

Idiomorphe Kristalle Mineralien, die im Gesteinsverband Kristallformen zeigen (zum Beispiel Einsprenglinge in Vulkaniten). Gegenteil: xenomorph (etwa Quarzkörner in Sandstein oder in Granit).

Intrusion Eindringen von Gesteinsschmelzen in ältere, Gesteine.

Kern → *Erdkern.*

Klastische Sedimente → *Sedimente,* die aus umgelagerten Trümmern älterer Gesteine bestehen.

Kluft Scharfe Fuge im Gestein, bei tektonischen Vorgängen wie Faltung und Schieferung oder beim Abkühlen von magmatischen Gesteinen entstanden.

Konvektionsströme Großräumige Fließbewegungen in der → *Asthenosphäre,* verantwortlich für Plattenbewegungen und Gebirgsbildungen.

Kristalle Festkörper, in denen die Bausteine (Atome, Ionen, Moleküle) dreidimensional gesetzmäßig in einem Kristallgitter angeordnet sind. Die meisten Festkörper, nicht nur die Großzahl der Mineralien, sind Kristalle.

Kristallin Sammelname für magmatische nd metamorphe Gesteine.

Kruste → *Erdkruste.*

Lagerstätte Wirtschaftlich interessantes Vorkommen nutzbarer Mineralien.

Lava Gesteinsschmelze, die aus der Tiefe bis an die Erdoberfläche aufsteigen kann und dort, subaerisch oder submarin, ausfließt.

Lehm In nassem Zustand plastisches Lockergestein aus Ton, Sand/Silt, durch Eisenoxide gelb oder braun gefärbt. Oft Verwitterungsrückstand.

Leitfossilien Fossile Lebewesen, die für einen bestimmten Abschnitt der Erdgeschichte kennzeichnend sind.

Lithosphäre Oberste, sich starr verhaltende Schicht der Erde von 80 bis 150 km Dicke, aufgespalten in Segmente (→ *Platten*). Umfaßt die → *Erdkruste* und einen Teil des → *Erdmantels.*

Lockergesteine Gesteine ohne festen Zusammenhalt (Sand, Kies, Schotter, Moränen).

Magma Gesteinsschmelze (→ *Lava*).

Magmatische Gesteine Gesteine, die durch Erstarrung schmelzflüssiger Massen entstanden sind (→ *Magma,* → *Lava*).

Metamorphite (metamorphe Gesteine) Produkte der → *Metamorphose.*

Metamorphose Mineralogische Veränderung von Gestein durch Druck- und Temperaturbedingungen, die von denen seiner Bildung verschieden sind.

Migmatit Gemischt aussehendes Gestein, dessen einer Bestandteil granitähnlich ist. Produkt einer starken → *Metamorphose* mit teilweiser Aufschmelzung.

Mineralien Einheitliche (homogene) Bestandteile der Gesteine.

Mohorovičić-Diskontinuität (kurz: **Moho**) Unterer Grenzbereich der → **Erdkruste** (in 10 bis 60 Kilometer Tiefe), charakterisiert durch einen sprunghaften Anstieg der Geschwindigkeit der Erdbebenwellen von 6 auf 8 km/sec.

Benannt nach einem jugoslawischen Geophysiker.
Molassesedimente Ablagerungen im Vorland oder Rückland eines werdenden Gebirges: Konglomerate, Sandsteine, Mergel, Tone (→ *Flysch*).
Moräne Sammelbezeichnung für den von Gletschern mitgeführten Gesteinsschutt. Oberflächenmoränen (Rand- oder Seitenmoränen, oft wallartig, und Innenmoränen) führen eckiges Gesteinsmaterial sehr unterschiedlicher Größe mit zum Teil riesigen Blöcken. Die Grundmoräne enthält feinstvermahlenes Material neben gerundeten und gekritzten Geröllen.
Nagelfluh
Schweizer Dialektausdruck für Molasse-Konglomerate.
Orogen Gebirgssystem (zum Beispiel das alpine Orogen).
Orogenese Gebirgsbildung.
Orthogneise Sammelname für metamorphe → *magmatische Gesteine*.
Paläontologie Teilwissenschaft der Geologie, die sich mit den Lebewesen der geologischen Vorzeit beschäftigt.
Paragneise Sammelname für metamorphe Sedimente.
Platte Segment der → *Lithosphäre*.
Plutonite («Tiefengesteine») Gesteine, die aus einer Schmelze im Innern der Erdkruste erstarrt sind.
Profil Vertikalschnitt; entweder Schnitt durch eine Region zur Darstellung des Aufbaues («Querprofil») oder maßstäbliche bzw. schematische säulenartige Darstellung einer bestimmten Schichtfolge (Bohrprofil, stratigraphisches Profil).
Regression Zurückweichen des Meeres im Verlauf geologischer Zeiträume (Gegenteil → *Transgression*).
Schelf Der unter dem Meeresspiegel liegende Rand der Kontinente; Schelfmeere erreichen Tiefen bis zu 200 Metern (Beispiel: Nordsee).
Schichtung Flächiges Gefüge von Sedimenten, hervorgerufen durch Farb-, Korngrößen- oder Materialunterschiede des abgelagerten Sediments. Ursprünglich horizontal (Bildung in ruhigem Wasser) oder schräg als Schräg- und Kreuzschichtung (Bildung in bewegtem Wasser).
Schiefer Feinblättrig spaltende, glimmerreiche, metamorphe Gesteine (Glimmerschiefer, Tonschiefer).
Schild Große Gebiete kristallinen Grundgebirges, die seit geologisch langer Zeit keine Gebirgsbildung mehr erlitten haben.
Schotter Grobkörnige Geröllablagerungen aus Bächen und Flüssen. Fluvioglaziale S.: Von Flüssen umgearbeitetes Moränenmaterial (riesige Schotterfelder im Vorland der eiszeitlichen Gletscher).
Sedimente Gesteine, die aus älteren Gesteinen durch Abtra-

gung, Transport in fester oder gelöster Form und Wiederablagerung entstanden sind (→ *biogene S.*, → chemische S., → klastische S.).
Stein Ausdruck der Umgangssprache für ein Stück Gestein oder Mineral; in der Fachsprache der Geologen fast nur in Kombinationen verwendet: Kalkstein, Sandstein, Edelstein usw.
Stratigraphie Teilwissenschaft der Geologie, die sich mit der Altersabfolge der Sedimente beschäftigt. Mit S. bezeichnet man auch eine bestimmte Schichtfolge (zum Beispiel «die Stratigraphie der Wildhorndecke»).
Synklinale Faltenmulde.
Tektonik Lehre vom Bau der Erde und den gebirgsbildenden Vorgängen. In der geologischen Umgangssprache auch als Synonym für «Baustil» gebraucht («... die Tektonik der Säntisgruppe, des rheinischen Schiefergebirges»).
Tiefengestein → *Plutonit.*
Transgression Vorrücken des Meeres während geologischer Zeiträume (Gegenteil → *Regression).*
Urgestein Veraltete Bezeichnung für → kristalline Gesteine.
Versteinerung → **Fossilien.**
Verwitterung Physikalische und chemische Zerstörung von Mineralien und Gesteinen an der Erdoberfläche infolge der Einwirkung von Sonnenstrahlung, Frost, Luftsauerstoff, Organismen usw.

Literatur

Allgemeine Einführungen
Die Entwicklungsgeschichte der Erde (Autorenkollektiv). Dausien, 1985.
Putnam W.: Geologie. Einführung in ihre Grundlagen. De Gruyter, 1969.
Rid H.: Geologie erlebt. BLV, 1969.
Wunderlich H.-G.: Einführung in die Geologie I und II.
  Hochschultaschenbücher Nr. 340 und 341. Bibl. Institut, 1968.

Mineralogie, Kristallographie, Mineral- und Gesteinsbestimmung
Bauer J.: Der Kosmos-Mineralienführer. Franck, 1981.
Dietrich R. V. und Skinner B. J.: Die Gesteine und ihre Mineralien. Ott, 1984.
Lüschen H.: Die Namen der Steine. Ott, 1968.
Medenbach O. und Sussieck-Fornefeld C.: Mineralien. Mosaik-Verlag, 1982.

Mottana/Crespi/Liborio: Der große BLV-Mineralienführer. BLV, 1982.
Nickel E.: Grundwissen in Mineralogie (3 Bände). Ott, 1971/1975.
Parker R. L. und Bambauer H. U.: Mineralkunde. Ott, 1975.
Schumann W.: Steine und Mineralien. BLV-Bestimmungsbuch, 1982.
Streckeisen A.: Minerale und Gesteine. Hallwag-Taschenbuch Nr. 70.
Wooley A. R., Bishop A. C.: Der Kosmos-Steinführer. Franck, 1974.

Spezialgebiete
Bartels J. und Angenheister G.: Geophysik. Fischer-Lexikon, 1969.
Driftende Kontinente. Time-Life-Bücher, 1983.
Erdbeben. Time-Life-Bücher, 1982.
Franke H. W.: Methoden der Geochronologie. «Verständliche Wissenschaft», Bd. 98. Springer, 1968.
Hölder H.: Naturgeschichte des Lebens. «Verständliche Wissenschaft», Bd. 93. Springer, 1968.
Petrascheck W. E.: Mineralische Bodenschätze. Suhrkamp, 1970.
Rothe W.: Kleine Versteinerungskunde. Hallwag-Taschenbuch Nr. 78.
Schmidt K.: Erdgeschichte. Sammlung Göschen, Bd. 2616. De Gruyter, 1978.
Schmincke H.-U.: Vulkanismus. Wiss. Buchgesellschaft Darmstadt, 1986.
Steinert H.: Erdbeben. Hallwag-Taschenbuch Nr. 142.
Stumpff K.: Die Erde als Planet. «Verständliche Wissenschaft», Bd. 42, Springer, 1955.
Thenius E.: Versteinerte Urkunden. «Verständliche Wissenschaft», Bd. 81. Springer, 1963.
Vulkane. Time-Life-Bücher, 1983.
Wedepohl K. H.: Geochemie. Sammlung Göschen, Bd. 1224. De Gruyter, 1967.
Winkler H. G. F.: Die Genese der metamorphen Gesteine. Springer, 1967

Allgemeinverständliche regionale Geologie
Bögel H. und Schmidt K.: Kleine Geologie der Ostalpen. Ott, Thun, 1976.
Henningsen D.: Geologie der Bundesrepublik Deutschland. dtv wissenschaftliche Reihe Nr. 4182. Enke, Stuttgart, 1976.
Kollmann H. A. u. a.: Österreichs Boden im Wandel der Zeit. Braumüller, Wien, 1982.
Labhart T.: Geologie der Schweiz. Hallwag, Bern, 1985.
Scholz H. und U.: Das Werden der Allgäuer Landschaft. Verlag für Heimatpflege, Kempten, 1981.

Register
(**Fett**gedruckte Seitenzahlen weisen auf Abbildungen hin.)

Abkühlung von Plutoniten 20, 66
   von Vulkaniten 73
Aetna 80
Aktualistisches Prinzip 17
Alpen 102, **103**, 148—150
Altersbestimmungen
   radiometrische 117—126
   mit C 14 123—124
Ammoniten 113, **114**, 119
Amphibol (Hornblende) 10, 12, **15**, **62**, 86, **87**
Amphibolit **88**, 89
Andalusit 86
Anden 146
Andesit **62/63**, 64, **77**, 78, 146, 149
Antiklinale 100, **101**
Archaeopteryx 114
Asche 27
Asthenosphäre 27, 139, 146, 151
Atlantik **140/141**, 143, 144, 148
Aufschmelzung **19**, 21, 58, 90

Basalt 20, 28, 61, **62/63**, 65, 71, 73, **74/75**, 79, 80
Basaltsäulen **21**
Bauxit 31, 132
Belemniten 113, **115**, 119
Bergsturz
   von Flims 32, **33**
   von Goldau 31, **32**
Bergstürze 31—33
Biostratigraphie 114
Biotit 11, 12, **15**, **62/63**
Blattverschiebung 98, **99**, 145, 147
Blei 138
Bleiglanz 10
Böden 30—31
Bodenfracht 34
Bohrungen 22, 100, 109—110
Bomben 27
Brachiopoden 113, **115**, 118/119
Breccie 42, **55**
Bromgewinnung 50
Bruchfläche 96, 98, **99**
Bruchharnisch 96
Bruchtektonik 96—100
Bruchtreppe 98, **99**
Buntsandstein 118

Calcit (Kalkspat) 8, 10, 13, **14**, 17, 30, 47/48, 89, 96, **97**
Chlorit 10, 13, 85, 86

Chromerz 138
Chronostratigraphie 116, 117

Dazit **62/63**
Decke 101, 149, 151
Delta **44**, 47
Dendrochronologie 117
Devon 116, 118/119
Diagenese 17, **18/19**, 54—57
Diamant 8, 132, 138
Diatomeen 48
Diatomeenschlamm 51, **52/53**
Dichte von Gesteinen 23, 27, 146
Diorit 28, **62/63**, 67
Diskordanz 93, **94/95**, 108, 151
Disthen 86, **87**, 150
Dogger 118, 144
Dolomit 10, 16, 57, 89
Druck im Erdinnern 23, 84/85
Dünen 38

Edelsteine 35, 131, 132, 138
Eisen-Nickel-Kern 29
Eisenerz 138
El Chichón 79
Epidot 86
Erdbeben 78, 80, **140/141**, 146, 147
Erdbebenwellen 26
Erdgas 51, 58, 131
Erdkern **27**, **29**, 151
Erdkruste 26, **27**, **28**, 143, 149, 152
Erdmantel s. Mantel
Erdöl 51, 58, **100**, 131, 139
Erdrutsche 31
Ergußgesteine s. Vulkanite
Erosion 31, 150
Experimentelle Mineralogie 29, 84, 90

Fallen **101**, 127
Falten 100—103, **104**, **129**
Faltenachse 100, **101**
Faltengebirge 101—105, 146, 148—150
Faltenjura **102**, **106**, **129**
Faltenschenkel 100, **101**
Faltentektonik 100—105
Fazies 51
Feldspäte **1**, 8, 11, **14**, **62/63**
Fels 89
Flußspat (Fluorit) 8, 10
Flußtransport 34, 35
Flysch 150, 152
Foraminiferen 48, **49**

Formationstabelle 116, 118/119
Fossilien 112—114, **115**
Frostsprengung 29/30

Gabbro 28, **62/63**, **67**
Gang 60, **61**, 152
Gebirgsbildung 101—105, 146, 148—150
Geochemie 152
Geophysik 22, 26, 152
Geosynklinale 148
Geothermische Tiefenstufe 23
Geröll 35, 42, 152
Gips 8, 30, 34, 50
Glas, vulkanisches 73, **77**
Glaukonit 122
Gletscher 38, **40/41**
Glimmer **6**, 7, 10, 12, **15**, **62/63**, 89
Glimmerschiefer 89
Globigerina 48, **49**
Globigerinenschlamm 51, **52/53**
Gneis 61, **88**, 89
Gold 35, 138
Gotland 118/119
Graben/Grabenbruch 80, 98, **99**, **106**
Grabenbruch, ostafrikanischer 80
Graded Bedding 107
Granat 13, **14**, 86, **87**
Granit **6**, 7, 20, 27, 60/61, **62/63**, 64, 66, **67**, 68, **69**, 150
Granodiorit **62/63**, 67
Graptolithen **114**, 119
Grundgebirge 21, **102**, 152
Grundmoräne 36
Grünschiefer 86

Härte
  von Mineralien 8
  des Wassers 30, 34
Härteskala von Mohs 8
Hawaii 79
Hebung 21, 68, 91
Herculaneum 76, **82/83**
Hercynische Faltung 102, **103**
Himalaja 146
Hornfels 89
Horst 98, **99**

Inkohlung 57
Intrusion 66

Juragebirge **102**, **106**, **129**

Kaledonische Faltung 102, **103**
Kalifeldspat **6**, 11, **14**, **62/63**
Kaliumsalze 50

Kalkspat s. Calcit
Kalksteine 13, 20, 54, 57, **59**, **104**
Kambrium 116, 118
Känozoikum 118
Karbon 116, 118, 132, 148
Karren 30
Karte, geologische 127/128, **129**
Keuper 118
Kies 20, 42, 43
Kissenlava 73, **74/75**
Klüfte **24/25**, 96, **97**
Kobalt 138
Kochsalz (Steinsalz) 10, 50, 131
Kohle 57, 131, **136/137**, 138
Konglomerat 20, 42, **55**
Kontaktmetamorphose 21, 66, 85
Kontinentalabhang **46**, 47
Kontinentalverschiebung 143
Konvektionsströme 147
Korallen **52/53**
Korngröße klastischer Sedimente 42
Korrelation **109**, 112
Korund 9
Krakatau 79
Kreise 116, 118/119
Kreuzschichtung 47
Kristalle 6, 7
Kristallin 21
Kruste 26, **27**, **28**, 143, 149, 152
Kupfer 138

Lagerstätten 131—138
Lapilli 76
Lava 20, 60, 71—73, **74/75**, 78/79, 125
Leitfossil 113, 118/119
Lias 118/119
Lithosphäre 27, 139, 142—147
Löß 38, **39**

Maare 81
Magma 58, 59, 64—68
Magnetismus 29, 143/144
Magnetit 10
Malm 118
Manganerz 131
Mantel **27**, **28**, 139, 152
Marmor 13, 86, 89
Meerwasser, Zusammensetzung 48
Mergel 47, **55**
Mesozoikum 118/119
Metallische Rohstoffe 131
Metamorphite (Metamorphe Gesteine) 20/21, **61**, 81—90, **87**, **88**
Metamorphose 81—90, 149/150
Metamorphosegrad 85/86
Migmatit **88**, 90

Mikrofossilien **49**, 113/114
Mineralien 7—16
  Bestimmungstabelle 11—16
  Wasserlöslichkeit 30, 50
Mineralwasser 34
Mittelozeanische Rücken **140/141, 142**—144
Mohorovičić-Diskontinuität 26, 153
Molasse 150, 159
Moräne 38, 40/41, 154
Morphologie 98. 101/102
Mount St. Helens **70**, 71
Muschelkalk 118
Muscheln **115**, 118/119
Muskowit 12, **15**, 121

Nagelfluh 154

Obsidian 73, **77**
Olivin 9, **15**, 16, 28, **62/63**
Opal 56
Ordovizium 116, 118/119
Orogenese 154
Orthogneis 90
Ostrakoden 114

Paläontologie 112—115, 118/119
Paläozoikum 119
Paragneis 90
Peridotit 28, **62/63**, 65, **67**
Perm 50, 116, 118/119, 148
Phosphat 138
Phyllit **87**, 89
Pillowlaven 73
Plagioklas 10, 11, **62/63**
Plateaubasalte 72
Platin 35
Plattentektonik 139—147
Plutonite (plutonische Gesteine) 20, **62/63**, 66—**69**
Pompeji 76
Porenvolumen 54
Porenwasser 54
Pozzuoli **91, 92**
Präkambrium 117, 125
Profile 130, 154
Pyroxen 12, **15**, 28, **62/63**

Quartär 116, 118/119
Quarz **6**, 7, 8, 9, 11, **14**, 35, 54, 56, **62**—65
Quarzit 11, 86, 87, 89
Quecksilber 138

Radiokarbonmethode 123/124
Radiolarien 48, **49**

Regionalmetamorphose 85
Regression 93, 154
Rheintalgraben 98, **100/101, 106**
Rhyolith 60, **62/63**, **77**
Rocky Mountains 14, 78
Rohstoffproduktion 138
Rohstoffreserven 135/136
Rotliegendes 118/119
Rubin 35

Sand 20, 42/43
Sandstein 20, 42, **55**, 56
Säugetiere 113/114, 118/119
Schalenbau der Erde 26—29
Schelf **46**, 47, 154
Schichtung 17, **24/25**, 107—112
Schiefer 86, **87**, 154
Schieferton 42, 56
Schild 102, 154
Schildvulkan 79
Schlipfe 31
Schnecken 113, **115**, 118/119
Schotter 20, 154
Schrägschichtung 47, **94/95**
Schutthalde **24/25**, 31
Schwarzwald 102, **106**
Schwebfracht 34
Schwefel 138
Sea-floor-spreading 143
Sedimentation 43—53
Sedimente 17, 29—58
  biogene 43
  chemische 43
  klastische 42/43
Seifenlagerstätten 35, 132
Senkung 91—93
Serie 116, 118/119
Serizit 12, 89
Serpenit 90
Silber 138
Sillimannit 86
Silt 42, 43
Siltstein 42
Silur 116, 118/119
Staurolith 86
Steinsalz s. Kochsalz
Stratigraphie 107—112
Streichen **36**
Stromboli 80
Stufe 116
Subduktion **142**, 146
Surtsey 71
Syenit 67
Synklinale 100, **101**
System 118/119

159

Talk 8
Tambora 78
Tektonik 91—106, 139—149
 germanotype 98, **100/101**
Tephra 71, 76
Tertiär 116, **118/119**
Tiefengesteine s. Plutonite
Tiefsee **46**, 47, 48, **52/53**, 146
Tiefseegräben **140/141**, 146
Tiefseeton 48, **52/53**
Ton 42/43, 48, 56/57
Tonmineralien 16, 42
Tonschiefer 56, 59
Tonstein 56
Topas 8, 35
Trachyt 73, **77**
Transgression 93, 155
Transport 11
Trias 50, 116, 118/119, 148
Trilobiten 118/119
Tropfstein 30

Überschiebung 98, 149
Uranerz 138

Variszische Faltung 102, **103**
Varventon 117
Versteinerungen **110/111**, 112—114, **115**

Verwitterung **18/19**, 29/30
Vesuv **72**, 76, 80, **82/83**
Viskosität von Laven 64/65
Vogesen 102, **106**
Vulkane, aktive **70**, 71, 76, 78—80, **140/141**, 146
Vulkanische
 Asche 27
 Gase 71, 76, 78
 Gesteine s. Vulkanite
Vulkanismus
 der Ozeane 79/80, 143/144
 zirkumpazifischer 78/79, **140/141**
Vulkanite 20, 71—73, **74/75**, 77

Wasserhärte 30, 34
Wasserlöslichkeit von Mineralien 30, 34, 50
Wassertransport 34/35, **36/37**, **44/45**
Windtransport 38, 76

Zechstein 118/119
Zementation 56
Zink 138
Zinn 138
Zinnstein 35
Zirkon 35, 120